高等职业教育校企合作双元新形态教材
高等职业教育土木建筑类专业系列特色教材

U0794287

建筑施工工艺

（智媒体版）

主　编　郭　文

副主编　樊虹利　张莎莎

西南交通大学出版社
·成　都·

内容提要

本书充分体现了职业教育的特色，按照“实用为主、够用为度”的原则，以最新施工规范、图集为依据，以建筑地基基础与主体结构分部工程施工过程为主线，重新构建了课程内容和知识体系。通过学习本课程，学生能够掌握建筑工程的施工程序，深入了解建筑施工主要工种工程的施工工艺、方法、特点及相关施工机械。同时，本课程还将帮助学生了解国内外建筑工程施工领域的新技术、新工艺、新材料和新设备，为未来从事建筑工程管理、招投标和造价咨询服务等工作提供一个良好的基础平台。

本书主要内容包括：土方工程施工、地基与基础工程施工、砌筑工程施工、混凝土工程施工、预应力混凝土工程施工、装配式建筑施工。

本书可作为高职院校建筑工程技术、工程造价、建设工程管理等专业理实一体化教材，也可作为相关人员的岗位培训教材。

图书在版编目（CIP）数据

建筑施工工艺 ：智媒体版 / 郭文主编. -- 成都 ：西南交通大学出版社，2024. 9. -- ISBN 978-7-5643-9959-7

Ⅰ. TU7

中国国家版本馆 CIP 数据核字第 2024YQ1746 号

Jianzhu Shigong Gongyi (Zhimeiti Ban)

建筑施工工艺（智媒体版）

主　编 / 郭　文

策划编辑 / 陈　斌

责任编辑 / 韩洪黎

封面设计 / 何东琳设计工作室

西南交通大学出版社出版发行

（四川省成都市金牛区二环路北一段 111 号西南交通大学创新大厦 21 楼　610031）

营销部电话：028-87600564　　028-87600533

网址：http://www.xnjdcbs.com

印刷：四川煤田地质制图印务有限责任公司

成品尺寸　185 mm × 260 mm

印张　16.25　　字数　397 千

版次　2024 年 9 月第 1 版　　印次　2024 年 9 月第 1 次

书号　ISBN 978-7-5643-9959-7

定价　49.00 元

课件咨询电话：028-81435775

图书如有印装质量问题　本社负责退换

版权所有　盗版必究　举报电话：028-87600562

前 言

PREFACE

本书按照对接产业（行业）、工学结合、深度融入产业链，有效服务经济社会发展的职业教育发展思路，根据最新颁布的国家、行业标准及规范编写而成。

本教材具有以下特点：

1. 教材内容知行合一。“建筑施工工艺”是一门实践性很强的综合专业课程。本课程在教学过程中穿插了“教、学、做”一体化的实训任务，突出实践性，以满足项目模块化教学要求。同时注重以实际生产项目、典型的工作任务和案例分析作为主要教学载体，构建教学单元。教学内容直接与施工员、质量员等实际岗位需求对接，旨在帮助学生成长成才和就业创业。

2. 数字资源配套建设。书中配套数字资源包含了丰富的工程图片、工程案例、演示动画和操作视频，读者可通过手机扫描书中的二维码进行阅读和观看。这些数字资源理论联系实际，不仅可以拓宽学生的知识面，而且便于学生掌握和理解专业知识和技能。

3. 校企双元合作开发。本教材的编写工作得到了大型央企的技术人员和能工巧匠的大力支持，确保教材内容与建筑行业的最新规范和标准紧密对接。在内容设置上，除了传统的施工工艺，本教材还融入了建筑业信息化、智能化、工业化、国际化以及绿色建筑等前沿热点内容，与建筑行业的可持续发展理念保持一致。

教材主要内容包括：土方工程施工、地基与基础工程施工、砌筑工程施工、混凝土工程施工、预应力混凝土工程施工、装配式建筑施工。本书可作为高职院校建筑工程技术、工程造价、建设工程管理等专业理实一体化教材，也可作为相关人员的岗位培训教材。

本教材项目 1、项目 2 由郭文编写，项目 4、项目 6 由樊虹利编写，项目 3、项目 5 由张莎莎编写，全书由郭文统稿。本书编写过程中，中建丝路建设投资有限公司丁亚特博士担任新技术、新工艺指导，中铁一局集团有限公司雷永涛工程师对实训内容进行了优化，在此一并表示感谢。

由于编者水平有限，书中不足之处在所难免，恳请读者不吝指正。

作　者

2024 年 6 月

目 录

CONTENTS

项目 1
土方工程施工

学习目标

通过本项目的学习，应掌握土的物理性质及力学性质的知识；掌握土方开挖、回填和压实的施工方法及要求；掌握土方工程施工质量标准和检查方法；能进行土方工程量计算及土方调配计算；能编制单项工程单项施工方案，学会土方施工技术交底；了解土方施工机械，掌握基坑边坡及基坑支护的方法。

学习重点

1. 土方支护结构的施工工艺；
2. 掌握常用的土方施工机械；
3. 土方开挖与回填的施工工艺过程。

学习难点

1. 土的分类与现场鉴别的方法；
2. 根据土的类型选择合适的施工方法；
3. 土方施工方案的编制。

任务1　土的工程分类及性质

任务目标

- 掌握土的工作分类标准；
- 掌握土的物理性质指标；
- 掌握土的工程特性；
- 具备土的类型划分能力。

任务描述

任何建筑物都必须有可靠的地基和基础，建筑物的全部重量（包括各种荷载）最终将通过基础传递给地基，天然地基由不同的土构成，而土的工程性质对土方工程施工方法选择影响较大。请编制一份土的所有物理性质指标换算公式。

知识链接

模块1　土的工程分类

课程引入：土方工程施工具有工程量大、施工工期长、施工条件复杂、劳动强度大的特点，因此在组织土方施工前，必须做好施工组织设计，选择好施工方法和机械设备，制订合理的土方调配方案，实行科学管理，保证质量并取得经济效益。

土的分类方法较多，而在建筑施工中，根据土的坚硬程度和开挖难易程度可以将土分为松软土、普通土、坚土、砂砾坚土、软石、次坚石、坚石、特坚石等八类（表1-1-1）。前四类为一般土，后四类为岩石。只有正确区分和鉴别土的种类，才能合理地选择施工方法及计算土方工程费用。

工程实例：深基坑土方开挖专项施工方案

表1-1-1　土的工程分类及现场鉴别方法

土的分类	土的名称	可松性系数		开挖方法
		K_s	K_s'	
一类土（松软土）	砂；粉土；冲积砂土层；疏松的种植土；淤泥	1.08～1.17	1.01～1.03	用锹、锄头挖掘
二类土（普通土）	粉质黏土；潮湿的黄土；夹有碎石、卵石的砂；填筑土及粉土混卵（碎）石；种植土	1.14～1.28	1.02～1.05	用锹、锄头挖掘，少许用镐翻松

续表

土的分类	土的名称	可松性系数		开挖方法
		K_s	K_s'	
三类土（坚土）	中等密实黏土；重粉质黏土；砾石土；干黄土；粉质黏土；压实填筑土	1.24～1.30	1.04～1.07	主要用镐翻松，少许用锹、锄头挖掘
四类土（砂砾坚土）	坚硬密实的黏性土或黄土；中等密实的含碎（卵）石黏性土；粗卵石；天然级配砂石	1.26～1.32	1.06～1.09	用镐或撬棍、大锤开采
五类土（软石）	硬质黏土；中密的页岩、泥灰岩、白垩土；胶结不紧的砾岩；软石灰岩	1.30～1.45	1.10～1.20	用镐或撬棍、大锤开采
六类土（次坚石）	泥岩；砂岩；砾岩；坚实的页岩、泥灰岩；密实的石灰岩；风化花岗岩、片麻岩	1.30～1.45	1.10～1.20	爆破，部分用风镐开采
七类土（坚石）	大理岩；辉绿岩；粗、中粒花岗岩；坚实的白云岩、砂岩、砾岩、片麻岩、石灰岩	1.30～1.45	1.10～1.20	爆破
八类土（特坚石）	安山岩；玄武岩；花岗片麻岩；坚实的细粒花岗岩、闪长岩、石英岩、辉长岩、辉绿岩	1.45～1.50	1.20～1.30	爆破

注：K_s——最初可松性系数；K_s'——最后可松性系数。

拓展笔记

模块 2　土的基本性质

1. 土的组成

土一般由土颗粒（固相）、水（液相）和空气（气相）三部分组成，如图 1-1-1 所示。这三部分之间的比例关系随着周围条件的变化而变化，三者相互比例不同，反映出土的物理状态不同，如干燥、稍湿或很湿，密实、稍密或松散。这些指标是最基本的物理性质指标，对评价土的工程性质，进行土的工程分类具有重要意义。

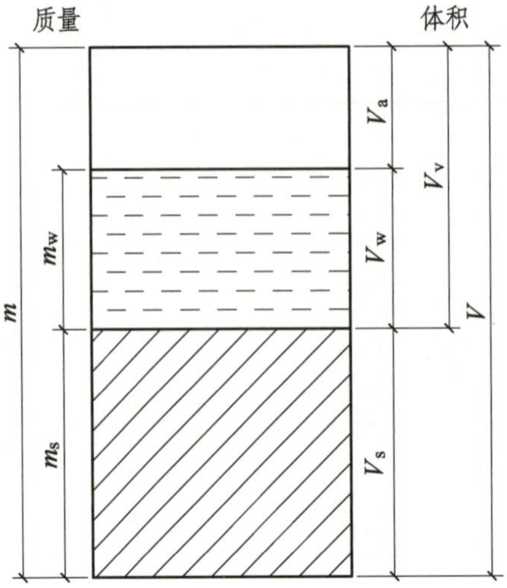

S—土的总质量（kg）；m_s—土中固体颗粒的质量（kg）；m_w—土中水的质量（kg）；
V—土的总体积（m^3）；V_a—土中空气体积（m^3）；V_s—土中固体颗粒体积（m^3）；
V_w—土中水所占的体积（m^3）；V_v—土中孔隙体积（m^3）。

图 1-1-1　土的三相示意图

2. 土的物理性质

（1）土的可松性与可松性系数

定义：天然土经开挖后，其体积因松散而增加，虽经振动夯实，仍然不能完全复原，这种现象称为土的可松性。土的可松性用可松性系数表示。

最初可松性系数：$K_s = \dfrac{V_3}{V_1}$

最后可公性系数：$K_s' = \dfrac{V_2}{V_1}$

式中：K_s、K_s'——土的最初、最后可松性系数；

V_1——土在天然状态下的体系（m^3）；

V_2——土挖后松散状态下的体系（m^3）；

V_3——土经压实后的体系（m^3）。

（2）土的天然含水量

定义：在天然状态下，土中水的质量与固体颗粒质量之比的百分率叫土的天然含水量，反映了土的干湿程度，用ω表示。

$$\omega = \frac{m_w}{m_s} \times 100\%$$

式中：m_w——土中水的质量（kg）；

m_s——土中固体颗粒的质量（kg）。

（3）天然密度

定义：土在天然状态下单位体积的质量（简称密度）。

$$天然密度：\rho = \frac{m}{V}$$

（4）干密度

定义：土的固体颗粒质量与总体积的比值。

$$干密度：\rho_d = \frac{m_s}{V}$$

（5）土的孔隙比 e 和孔隙率 n

定义：孔隙比是土的孔隙体积 V_v 与固体体积 V_s 的比值；孔隙率是土的孔隙体积 V_v 与总体积 V 的比值，用百分率表示。

$$孔隙比：e = \frac{V_v}{V_s}$$

$$孔隙率：n = \frac{V_v}{V} \times 100\%$$

孔隙比和孔隙率反映了土的密实程度。孔隙比和孔隙率越小土越密实。

3. 土的渗透系数

土的渗透性系数表示单位时间内水穿透土层的能力，单位为 m/d。

一般土的渗透系数见表 1-1-2。

表 1-1-2 土的渗透系数

土的名称	渗透系数 K/（m/d）	土的名称	渗透系数 K/（m/d）
黏土	<0.05	中砂	5.00 ~ 20.00
亚黏土	0.005 ~ 0.10	均质中砂	35 ~ 50
轻亚黏土	0.10 ~ 0.50	粗砂	20 ~ 50
黄土	0.25 ~ 0.50	圆砾石	50 ~ 100
粉砂	0.50 ~ 1.00	卵石	100 ~ 500
细砂	1.00 ~ 5.00		

拓展笔记

新技术应用（新技术、新工艺、新材料、新设备）

土工合成材料

土工新材料曾被称为“土工织物”和“土工膜”。为满足工程需要，这类材料不断有新的品种出现，例如土工格栅（图 1-1-2）、土工网和土工模袋、土工网垫、土工带、复合土工膜、膨润土防水毯、复合排水网等。1994 年，在新加坡召开的第五届国际土工合成材料学术会议上，正式确定这类材料的名称为“土工合成材料”。

图 1-1-2　土工格栅

土工合成材料的原材料是高分子聚合物。它们源自煤、石油、天然气或石灰石中提炼出来的化学物质，再进一步加工成纤维或合成材料片材，最后制成各种产品。制造土工合成材料的聚合物主要有聚乙烯（PE）、聚酯（PET）、聚酰胺（PER）、聚丙烯（PP）、聚氯乙烯（PVC）、氯化聚乙烯（CPE）、聚苯乙烯（EPS）等。

拓展笔记

任务实施（理实一体化）

1. 单选题

（1）土的工程分类中，前四类为一般（　　），后四类为（　　）。

A. 黏土　　B. 土　　C. 岩石　　D. 黄土

（2）土的孔隙体积 V_v 与固体体积 V_s 的比值是（　　）。

A. 孔隙比　　B. 孔隙率　　C. 干密度　　D. 含水量

（3）土的固体颗粒质量与总体积的比值是（　　）。

A. 孔隙比　　B. 孔隙率　　C. 干密度　　D. 含水量

（4）在天然状态下，土中水的质量与固体颗粒质量之比的百分率叫作（　　）。

A. 孔隙比　　B. 孔隙率　　C. 干密度　　D. 含水量

2. 多选题

（1）土的工程分类标准依据是（　　）。

A. 坚硬程度　　B. 开挖方法　　C. 含水量　　D. 塑性

（2）土的三相特性是指（　　）。

A. 固相　　B. 液相　　C. 混合　　D. 气相

3. 判断题

（1）土的工程性质主要根据土的坚硬程度和施工方法划分为 8 类。（　　）

（2）土的天然密度可以用环刀法测得。（　　）

（3）土的含水量可以用酒精燃烧法测得。（　　）

（4）土的渗透系数越大，表明配水能力越小。（　　）

4. 客观题

（1）完成虚拟仿真中“行走课堂”实训任务。
（2）总结土的物理性质指标的不同含义。

5. 综合任务实施（理实一体化）

请编制一份土的所有物理性质指标换算公式（共9个指标）。

任务2　土方工程量计算

任务目标

- 掌握一般土方工程量计算方法；
- 掌握不规则、复杂地形的场地土方工程量计算；
- 掌握土方调配原则与方法；
- 初步具备土方工程施工方案编制的能力。

任务描述

任何建筑物不平整场地，都需要计算场地平整时挖和填的工程量，并根据工程规模、施工期限和土的性质，同时满足排水坡度和挖填平衡原则，拟定施工方案。按照现有成套施工图，请编制一份土方开挖工程的施工方案。

知识链接

模块1　基坑土方量计算

课程引入：基坑分为三级：

一级基坑：重要工程或支护结构做主体结构的一部分，开挖深度大于 10 m，与临近建筑物、重要设施的距离在开挖深度以内的基坑，基坑范围内有历史文物、近代优秀建筑、重要管线等需要严加保护的基坑。

二级基坑：介于一级基坑、三级基坑之间的基坑。

三级基坑：开挖深度小于或等于 7 m 且周围环境无特殊要求的基坑。

1. 基　坑

如图 1-2-1 所示，基坑土方量可按立体几何中的拟柱体体积公式（1-2-1）计算。

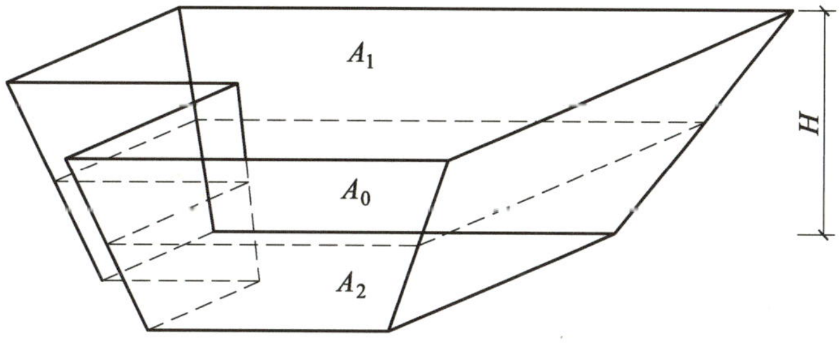

图 1-2-1　基坑土方量计算

$$V=\frac{H}{6}(A_1+4A_0+A_2) \tag{1-2-1}$$

式中：H——基坑深度（m）；

A_1、A_2——基坑上、下的底面积（m^2）；

A_0——基坑中截面的面积（m^2）。

2. 基槽、路堤和管沟的土方量计算

如图 1-2-2 所示，基槽、路堤和管沟的土方量可以沿长度方向分段后，按式（1-2-2）计算。

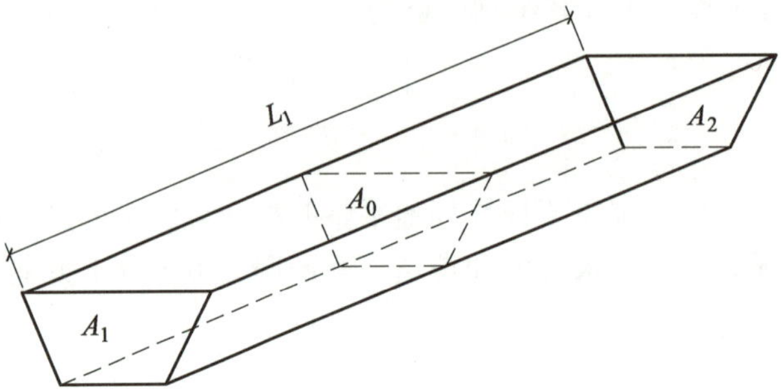

图 1-2-2　基槽土方量计算

$$V_i=\frac{L_i}{6}(A_1+4A_0+A_2) \tag{1-2-2}$$

式中：V_i——第 i 段的土方量（m^3）；

L_i——第 i 段的长度（m）。

3. 总土方量计算

将各段土方量相加即得总土方量 $V_{总}$。

$$V_{总}=\sum V_i \tag{1-2-3}$$

拓展笔记

模块 2　场地平整土方量计算

1. 场地标高的确定原则

（1）满足建筑规划和生产工艺运输要求；
（2）尽量利用地形，减少挖填方量；
（3）场地内的挖填土方量力求平衡；
（4）有一定的排水坡度。

2. 场地平整土方量的计算步骤

（1）初步计算场地设计标高（H_0）

场地设计标高的计算方法一般采用方格网法（$a = 10 \sim 20$ m），如图 1-2-3 所示。

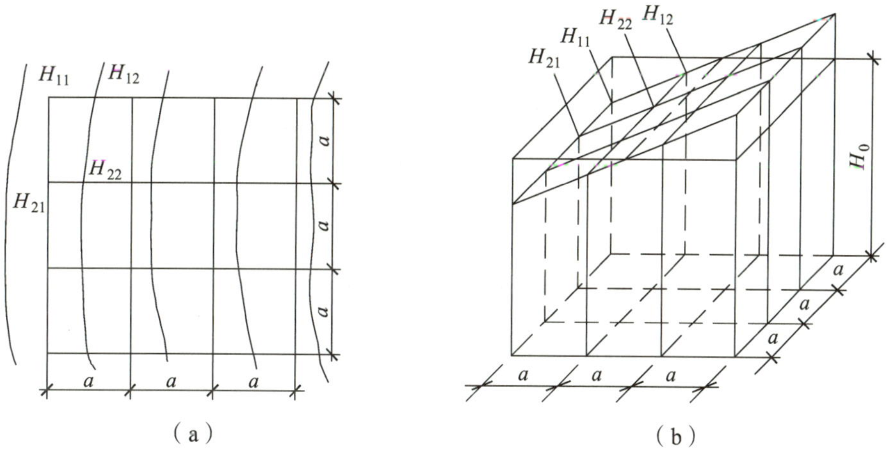

图 1-2-3　场地设计标高计算示意图

场地设计标高可按式（1-2-4）计算。

$$H_0 N a^2 = \sum \left(a^2 \frac{H_{11} + H_{12} + H_{21} + H_{22}}{4} \right)$$

$$H_0 = \frac{\sum (H_{11} + H_{12} + H_{21} + H_{22})}{4N} \qquad (1\text{-}2\text{-}4)$$

式中：N——方格数；

a——方格边长；

H_i——方格角点标高。

式（1-2-4）可简化为

$$H_0 = \frac{\sum H_1 + 2\sum H_2 + 3\sum H_3 + 4\sum H_4}{4N} \qquad (1\text{-}2\text{-}5)$$

（2）场地设计标高的调整

① 由于土具有可松性，因此填土将有剩余；

② 由于设计标高以上的填方工程用土量，或设计标高以下的挖方工程挖土量的影响，使设计标高降低或提高；

③ 由于边坡挖填方量不等而引起挖填土方量的变化，需相应地增减设计标高。

（3）泄水坡度对角点设计标高的影响

① 单向泄水场地各点设计标高的计算（图 1-2-4）。当场地单向泄水时，场地内任意一点的设计标高为 $H_n = H_0 \pm l_i$。

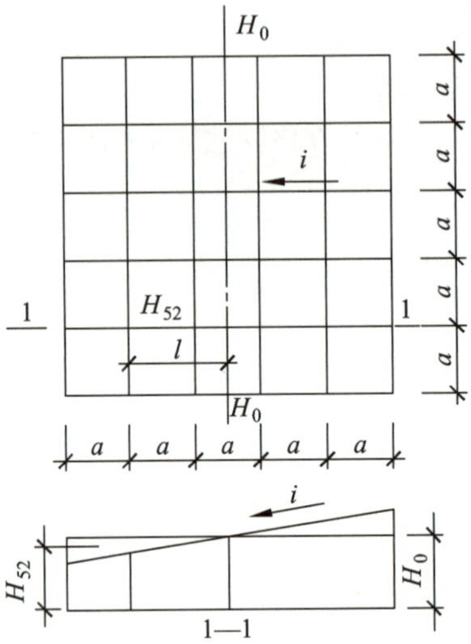

图 1-2-4　单向排水坡度场地

② 双向泄水场地各点设计标高的计算（图 1-2-5）。当场地双向泄水时，场地内任意一点的设计标高为 $H_n = H_0 \pm l_x i_x \pm l_y i_y$。

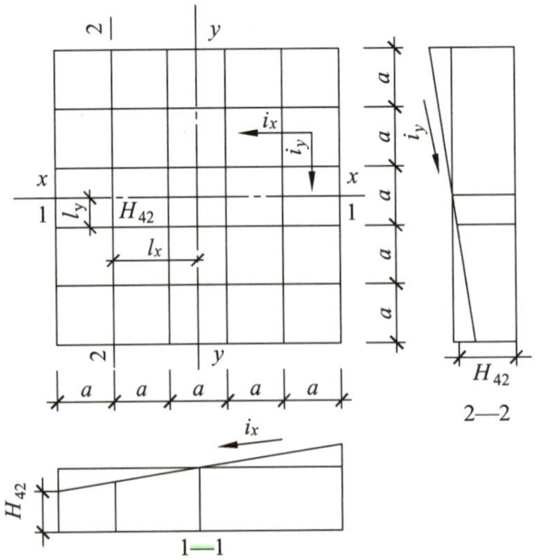

图 1-2-5　双向排水坡度场地

（4）方格网法计算土方量

① 划分方格网计算各方格角点的施工高度。

$$h_n = H_n - H$$

式中：h_n——角点施工高度，即将填挖高度，以“+”为填，以“-”为挖；

H_n——角点的设计标高（若无泄水坡度时，即为场地的设计标高）；

H——角点的自然地面标高。

② 计算零点位置：数解法计算零点位置，如图 1-2-6 所示。

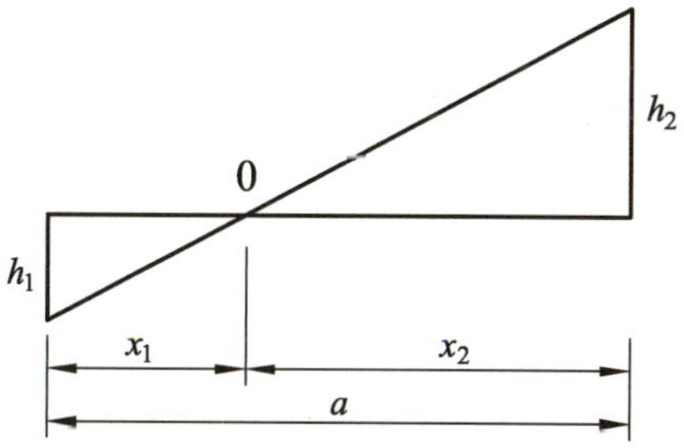

图 1-2-6　零点位置计算示意图

$$x_1 = \frac{h_1}{h_1 + h_2} \cdot a \quad x_2 = \frac{h_2}{h_1 + h_2} \cdot a$$

式中：x_1、x_2——角点至零点的距离（m）；

h_1、h_2——相邻两角点的施工高度（m），均用绝对值；

a——方格网的边格（m）。

③ 计算方格土方量：按一点、两点、三点、四点填方（挖方）分别计算。

④ 边坡土方量计算：按三棱柱体或三棱锥体分别计算填方（挖方）。

⑤ 计算土方总量：将挖方区（或填方区）的所有方格土方量和边坡土方量汇总后即得场地平整挖（填）方的工程量。

3. 工程案例（课堂贯穿场地平整实例）

拓展笔记

模块 3　土方调配

1. 定　义

土方调配：就是对挖土的利用、堆弃和填土的取得三者之间的关系进行综合协调的处理。好的土方调配方案，既能使土方运输量（或费用）最小，又能方便施工。

2. 土方调配原则

（1）应力求达到挖方与填方基本平衡和就近调配，使土方运输量或费用最小；

（2）土方调配应考虑近期施工与后期利用相结合的原则；

（3）合理布置挖、填方分区线，选择恰当的调配方向和运输线路；

（4）好土用在回填质量要求高的区域。

3. 土方调配方法

（1）划分调配区

① 调配区的划分应与房屋或构筑物的位置相协调，使近期施工与后期利用相结合。

② 调配区的大小应使土方机械和运输车辆的功效得到充分发挥。

③ 当土方运距较大或场区内土方不平衡时，可根据附近地形，考虑就近借土或就近弃土。

④ 场地土方调配前，需绘制相应的土方调配图，如图 1-2-7 所示。

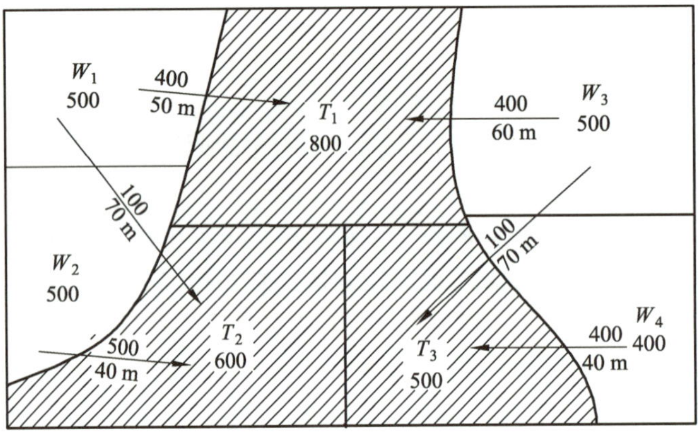

图 1-2-7　土方调配图

（2）计算土方量

按前述计算方法，求得各调配区的挖填方量，并标写在图上。

（3）计算调配区之间的平均运距

① 重心坐标计算

$$\bar{X}=\frac{\sum Vx}{\sum V}\quad \bar{Y}=\frac{\sum Vy}{\sum V}$$

式中：$\bar{X}$、$\bar{Y}$——挖方或填方调配区的重心坐标；

V——各个方格的土方量；

x、y——各个方格的重心坐标。

也可用作图法近似地求出形心位置以代替重心位置。

② 量取平均运距

求出重心后，标于相应的调配区图上，然后用比例尺量出每对调配区之间的平均运距。

（4）确定土方最优调配方案

最优调配方案的确定是以线性规划为理论基础的，常用“表上作业法”求得。

（5）绘制土方调配图

根据表上作业法求得最优调配方案，在地形图上绘出土方调配图，如图 1-2-7 所示。

4. 工程案例（课堂贯穿场地平整实例）

拓展笔记

新技术应用（新技术、新工艺、新材料、新设备）

土方计算软件

随着计算机技术的发展，市场上土方计算软件有很多种，以下简单介绍南方 CASS 软件。南方测绘 CASS 地形地籍成图软件支持土方算量，具有计算适应性强、速度快、数据准确等优点，运行界面如图 1-2-8 所示。

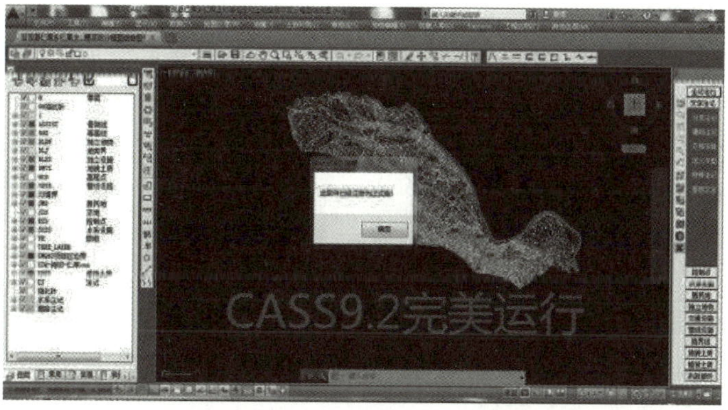

图 1-2-8　南方 CASS 软件运行界面

拓展笔记

任务实施（理实一体化）

1. 单选题

（1）场地平整前的首要工作是（　　）。

A. 计算挖方量和填方量　　B. 确定场地的设计标高

C. 选择方机械　　D. 拟定调配方案

（2）在场地平整的方格网上，各方格角点的施工高度为该角点的（　　）。

A. 自然地面标高与设计标高的差值

B. 挖方高度与设计标高的差值

C. 设计标高与自然地面标高的差值

D. 自然地面标高与填方高度的差值

2. 多选题

（1）方格网法计算土方量的步骤是（　　）。

A. 定设计标高　　B. 求施工高度

C. 求“零线”　　D. 计算方格网土方量

（2）计算零点的方法有（　　）。

A. 图解法　　B. 比例法

C. 数解法　　D. 相似法

3. 客观题

（1）完成虚拟仿真中“行走课堂”实训任务。

（2）总结土方调配方格网计算公式。

4. 综合任务实施（理实一体化）

图 1-2-9 所示场地，方格网边长为 20 m，按挖填平衡原则，泄水坡度为 0，计算场地平整计划高度 H_0 及方格网挖填土方量。

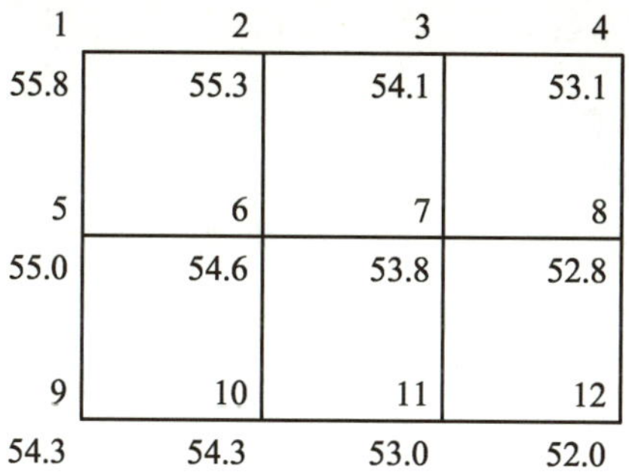

图 1-2-9　任务实施示意图

任务3 施工准备与降水

任务目标

- 掌握施工准备基本要求；
- 掌握地下水降水类型；
- 掌握地下水降水简单计算；
- 初步具备工程降水方案编制的能力。

任务描述

建筑施工前的准备是对建筑物施工全过程的准备，包括人、机、料、法、环等方面。现阶段高层建筑的地基较深，大多数需要基坑降水，基坑开挖前要进行降水方案的选择，同时考虑雨季排水措施，达到施工作业条件。按照现有成套施工图，请编制一份基坑降水的施工方案。

知识链接

模块1 施工准备

课程引入：施工进场必须具备三通一平，即通电、通路、通水、场地平整。有条件的地区可拓展到五通一平，即通电、通路、通水、通信、排污、场地平整；七通一平，即通电、通路、通水、通信、排水、排污、有线电视、场地平整。

1. 技术准备

（1）审查设计图纸，熟悉有关资料。检查图纸是否齐全，图纸本身有无错误和矛盾，设计内容与施工条件是否一致，各工种之间搭接配合有无问题等。同时应熟悉有关设计数据、结构特点及土层、地质、水文、工期要求等资料。

（2）搜集资料，摸清情况。搜集当地的自然条件资料和技术经验资料，深入实地摸清施工现场情况。

土方开挖施工工艺

（3）编制施工组织设计和施工方案。

2. 施工现场准备

（1）建立测量控制网点。按照总平面图要求布置测量点，设置永久性的经纬坐标桩及水平桩、组成测量控制网。

（2）搞好“三通一平”（路通、电通、水通、平整场地）。修通场区主要运输干道，接通上地用电线路，布置生产生活供水管网和现场排水系统。按总平面确定的标高组织土方工程的挖填、找平工作等。

（3）修建大型临时设施，包括各种附属加工场、仓库、食堂、宿舍、厕所、办公室以及公用设施等。

3. 物资准备

（1）做好建筑材料需要量计划和货源安排。材料要落实货源办理订购手续，对特殊材料要组织人员提早采购。

（2）对钢筋混凝土预制构件、钢构件、铁件、门窗等做好加工委托或生产安排。

（3）做好施工机械和机具的准备，对已有的机械机具做好维修试车工作；对尚缺的机械机具要立即订购、租赁或制作。

4. 施工队伍准备

（1）健全、充实、调整施工组织机构。

（2）调配、安排劳动班子组合。

（3）职工进行计划、技术、安全交底。

拓展笔记

模块 2　土方边坡与土壁支撑

1. 土方边坡

土方边坡的坡度是以土方挖方深度 H 与放坡宽度 B 之比表示（图 1-3-1）。即

$$土方边坡坡度 = H/B = 1:m$$

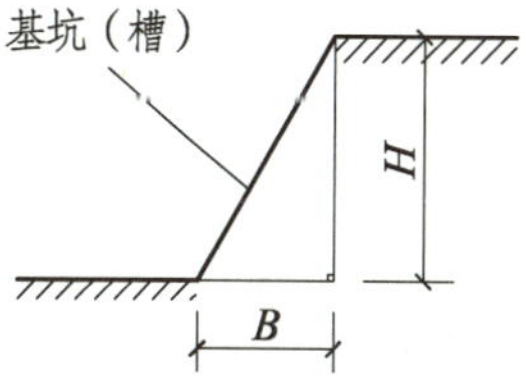

图 1-3-1　土方调配图

式中：$m = B/H$，称为边坡系数。

2. 土方边坡的确定

（1）土方边坡的大小主要与土质、开挖深度、开挖方法、边坡留置时间的长短、边坡附近的各种荷载状况及排水情况有关。放坡深度超过下列规定应放坡：

① 密实、中密的砂土和碎石类土（充填物为砂土）1.0 m；

② 硬塑、可塑的粉土及粉质黏土 1.25 m；

③ 硬塑、可塑的黏土和碎石类土（充填物为黏性土）1.5 m；

④ 坚硬的黏土 2 m。

（2）当地质条件良好，土质均匀且地下水位低于基坑（槽）或管沟底面标高时，挖方深度在 5 m 以内不加支撑的边坡的最陡坡度应符合表 1-3-1 的规定。

表 1-3-1　不同类别土的最陡坡度限值表

土的类别	坡顶无荷载	坡顶有静载	坡顶有动载
中密的砂土	1：100	1：1.25	1：1.50
中密的碎石类土（充填物为砂土）	1：0.75	1：1.00	1：1.25
硬塑的轻亚黏土	1：0.67	1：0.75	1：1.00
中密的碎石类土（充填物为黏性土）	1：0.50	1：0.67	1：0.67
硬塑的亚黏土、黏土	1：0.33	1：50	1：0.67
老黄土	1：0.10	1：0.25	1：0.33
软土（经井点降水后）	1：1.00	—	—

注：静载指堆土或材料等，动载指机械挖土或汽车运输作业等。静载或动载距挖方边缘的距离应保证边坡和直立壁的稳定，堆土或材料应距挖方边缘 0.8 m 以外，高度不超过 1.5 m。

3. 土壁支撑

开挖时为减小施工面、减少土方量，当场地不能按坡度要求放坡或深度超过要求时，需要进行土壁支撑，满足安全等施工要求。

基坑支护
工艺模拟

（1）横撑式土壁支撑

① 分类：分为水平挡土板和垂直挡土板两类。

② 适用范围：较深基坑。

③ 布置和拆除：采用横撑式支撑时，应随挖随撑，支撑要牢固；施工中应经常检查，如有松动、变形等现象时，应及时加固或更换；支撑的拆除应按回填顺序依次进行，多层支撑应自下而上逐层拆除，随拆随填。

（2）其他支撑

挡土桩、土钉墙、锚杆等。

拓展笔记

模块 3 土方工程施工排水与降水

1. 目 的

（1）防止地下水渗入、地面水流入基坑，保证施工的正常进行；
（2）防止边坡塌方和地基承载能力下降。

明排水
施工工艺

2. 方 法

明排水法、人工降低地下水位法。

3. 明排水法

基坑开挖时，沿坑底周围或中央开挖排水沟，在沟底设集水井，使基坑内的水经排水沟流向集水井后用水泵抽走（图 1-3-2）。

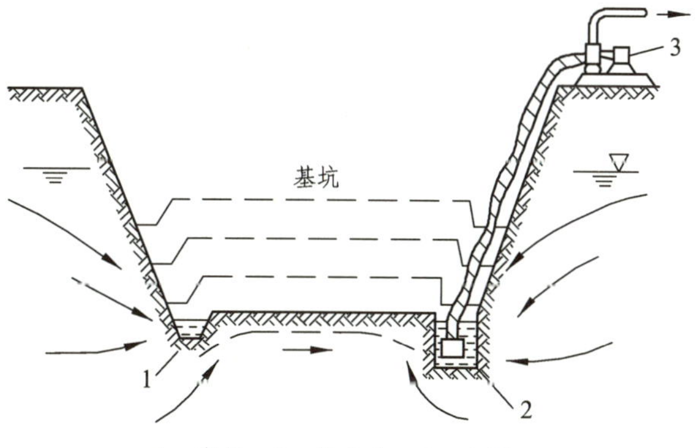

1—盲沟；2—集水井；3—水泵。

图 1-3-2　集水井降水

技术要点：排水沟的纵坡宜控制在 1‰ ~ 2‰；集水井每隔 20 ~ 40 m 设置一个；集水井的直径或宽度一般为 0.7 ~ 0.8 m；深度随着挖土的加深而加深，要低于挖土面 0.8 ~ 1.0 m；井壁可用竹、木等简易加固。

优点：设备简单，排水方便，采用较为普遍。

缺点：当开挖深度大、地下水位较高而土质又不好时，容易产生流砂现象。

4. 人工降低地下水位法

人工降低地下水位法施工

在基坑开挖前，预先在基坑四周埋设一定数量的滤水管（井），利用抽水设备将水抽走，使地下水位降至坑底以下，直至施工结束为止。

特点：可使所挖的土始终保持干燥状态，改善施工条件；防止流砂现象发生；提高土的强度或密实度；可适当改陡边坡以减少挖土数量。

注意事项：在降水过程中，基坑附近的地基土壤会有一定的沉降，施工时应加以注意。

人工降低地下水位的方法：轻型井点降水、喷射井点降水、管井井点降水及深井泵降水等。

（1）轻型井点降低地下水位

① 轻型井点设备

轻型井点设备由管路系统和抽水设备组成（图 1-3-3），其中管路系统包括滤管、井点管、弯联管及总管等。

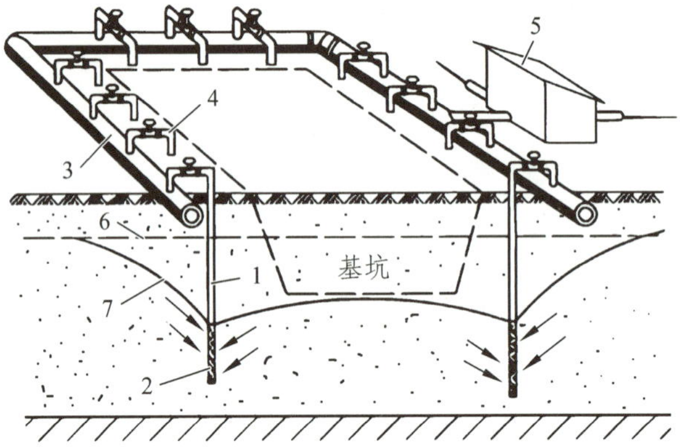

1—井点管；2—滤管；3—总管；4—弯联管；5—水泵房；
6—原有地下水位线；7—降低后地下水位线。

图 1-3-3　轻型井点降水

② 轻型井点系统的布置

布置原则：根据基坑大小与深度、土质、地下水位高低与流向、降水深度要求在平面与竖向进行布置。

布置方法：可以分为单排线状井点、双排线状井点、环形井点等。每级降水深度不超 6 m，当一级井点不能达到要求时，可以为二级井点。

布置顺序：挖井点沟槽、铺设集水总管；冲孔，沉设井点管，灌填砂滤料；弯联管将井点管与集水总管连接；安装抽水设备；试抽。

（2）深井井点降低地下水位

深井井点降水是将抽水设备放置在深井中进行抽水来达到降低地下水位的目的。该降水法抽水量大，降水深度可达 50 m，适用范围广。

① 管井井点系统的组成及设备：深井井点系统主要由井管和水泵组成。

② 深井布置：深井井点系统可按无压完整井环形系统考虑。一般沿基坑四周每隔 15 ~ 30 m 设一个深井井点。

③ 深井井点施工程序：井位放样→做井口→安护筒→钻机就位→钻孔→回填井底砂垫层→吊放井管→回填管壁与孔壁间的过滤层→安装抽水控制电路→试抽→降水井正常工作。

拓展笔记

新技术应用（新技术、新工艺、新材料、新设备）

锚杆支护

在边坡、岩土深基坑等地表工程及隧道、采场等地下硐室施工中采用的一种加固支护方式。用金属件、木件、聚合物件或其他材料制成杆柱，打入地表岩体或硐室周围岩体预先钻好的孔中，利用其头部、杆体的特殊构造和尾部托板（亦可不用），或通过黏结作用将围岩与稳定岩体结合在一起而产生悬吊效果、组合梁效果、补强效果，以达到支护的目的，如图 1-3-4 所示。

锚杆施工

锚杆支护具有成本低、支护效果好、操作简便、使用灵活、占用施工净空少等优点。

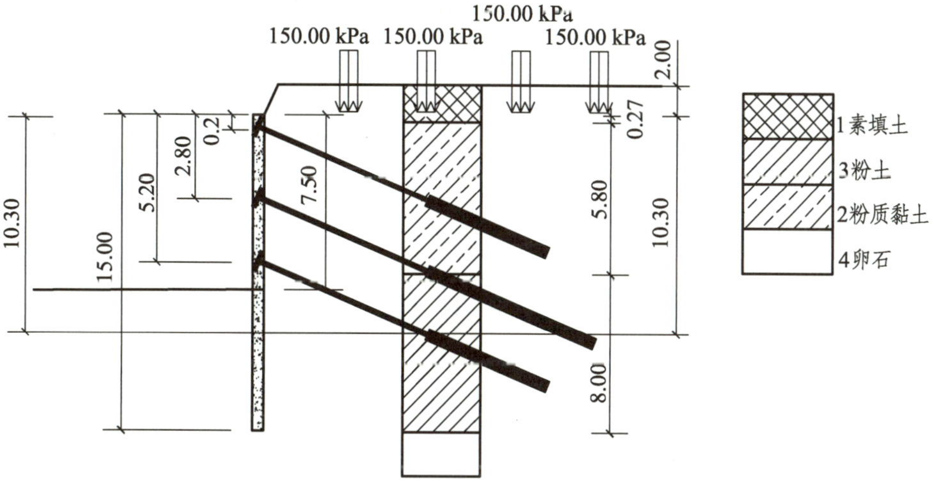

图 1-3-4　锚杆支护示意图（单位：m）

拓展笔记

任务实施（理实一体化）

1. 单选题

（1）某沟槽宽度为 12 m，拟采用轻型井点降水，其平面布置宜采用（　　）。

A. 单排　　B. 双排

C. 环形　　D. U 形

（2）适用于抽水量大，降水深度可达 50 m，适用范围广的降水方法是（　　）。

A. 管井井点　　B. 轻型井点

C. 集水井　　D. 喷射井点

2. 多选题

（1）以下哪些是人工降低地下水位的方法？（　　）

A. 轻型井点　　B. 喷射井点

C. 集水井　　D. 管井井点

（2）以下哪些支撑方式是横撑式支撑？（　　）

A. 水平挡土板　　B. 断续式水平挡土板

C. 锚杆　　D. 挡土桩

3. 客观题

（1）完成虚拟仿真中“行走课堂”实训任务。

（2）总结深基坑降水技术要点。

4. 综合任务实施（理实一体化）

（1）按照现有成套施工图，在教师的指导下分组编制完成一份锚杆支护深基坑施工方案。施工方案应包含以下内容：① 编制依据、原则；② 工程概况；③ 总体布置及工期安排；④ 施工技术方案；⑤ 工期保证措施；⑥ 质量目标、保证体系及保证措施；⑦ 安全生产目标及保证措施；⑧ 季节性施工保证措施；⑨ 环境保护、文明施工。

（2）某基坑长 85 m，宽 60 m，深 8 m，四边放坡，边坡坡度 1∶0.5。

① 试计算土方开挖工程量。

② 若地下基础占有体积 21 000 m^3，则预留多少回填土？（按自然状态下土的体积计算）

③ 若多余土外运，问外运多少土？（按自然状态下土的体积计算）

④ 如果用斗容量为 3.5 m^3 的汽车外运，需运多少车？（最初可松性系数 1.14，最终可松性系数 1.05）

任务 4　土方机械化施工

任务目标

- 掌握不同土方开挖机械特点；
- 掌握不同土方压实机械特点；
- 掌握土方运输车辆计算；
- 初步具备选择机械及配套计算的能力。

任务描述

土方工程的施工过程主要包括土方开挖、运输、填筑与压实等。常用的施工机械有推土机、铲运机、单斗挖土机、装载机等，施工时应正确选用施工机械，加快施工进度。按照现有成套施工图，请编制一份土方机械选择及配套方案。

知识链接

模块 1　常用土方施工机械的施工特点

课程引入：随着我国工业化进程的加速，建筑施工机械化是必然趋势。土方工程是建筑工程施工中主要的分部工程之一，它包括开挖、运输、填筑、平整与压实等主要施工过程，以及场地清理、测量放线、施工排水、降水和土壁支护等准备工作与辅助工作。

1. 推土机

特点：操纵灵活，运转方便，所需工作面较小，行驶速度快、易于转移，能爬 30°左右的缓坡。

适应范围：主要用于场地清理和平整；开挖深度 1.5 m 以内的基坑；填平沟坑；配合铲运机、挖土机工作等。此外，在推土机后面可安装松土装置，破、松硬土和冻土，也可拖挂羊足碾进行土方压实工作。推土机可以推挖一～三类土，经济运距 100 m 以内，效率最高为 60 m。

土方工程
机械化施工

2. 铲运机

铲运机按行走方式可分为拖式和自行式两种。

特点：铲运机能综合完成挖土、运土、平土或填土等全部土方施工工序，对行驶道路要求较低，操纵灵活、运转方便，生产率高。

适用范围：主要用于大面积土方场地平整，开挖大基坑、沟槽以及填筑路基、堤坝等工程，铲运含水量不大的松土和普通土。不适于在砾石层、冻土地带及沼泽区工作。

3. 单斗挖土机

单斗挖土机按其行走装置的不同，分为履带式和轮胎式两类；按其工作装置的不同，分为正铲、反铲、拉铲和抓铲；按其操纵机械的不同，分为机械式和液压式两类，但机械式现在使用较少。

（1）正铲挖土机

挖土特点：前进向上，强制切土，挖掘力大，生产率高。

适用范围：用于开挖停机面以上的一～三类土，它与运土汽车配合能完成整个挖运任务。可用于开挖大型干燥基坑以及土丘等。

（2）反铲挖土机

反铲挖土机目前使用较多，如图 1-4-1 所示。

图 1-4-1　反铲挖掘机

挖土特点：正向挖土，反向卸土。

适用范围：能开挖停机面以下的一～三类土，适用于挖基坑、基槽和管沟、有地下水的土壤或泥泞土壤。

（3）拉铲挖掘机

挖土特点：后退向下，自重切土。

适用范围：能开挖停机面以下的一～二类土，可用于开挖大而深的基坑或水下挖土。

（4）抓铲挖土机

挖土特点：直上直下，自重切土。

适用范围：适用于开挖停机面以下的一～二类土，如开挖窄而深的基坑、疏通旧有渠道以及挖取水中淤泥等，或用于装卸碎石、矿渣等松散材料。在软土地区，常用于开挖基坑等。

4. 装载机

分类：按行走方式分为履带式和轮胎式两种；按工作方式分单斗式装载机、链式装载机和轮斗式装载机。

土方工程主要使用单斗铰接轮胎式装载机，具有操作轻便、快速灵活、转运方便等特点。

适用范围：用于装卸土方和散料，也可用于松软土的表层剥离、地面平整和场地清理等工作。

5. 压实机械

压实机械根据压实原理分为冲击式压实机械、碾压式压实机械和振动压实机械三大类。

（1）冲击式压实机械

分类：冲击式压实机械主要有蛙式打夯机和内燃式打夯机两类，蛙式打夯机一般以电为动力。

适用范围：冲击式压实机械适用于狭小的场地和沟槽作业，也可用于室内地面的夯实及大型机械无法到达的边角的夯实。

（2）碾压式压实机械

分类：碾压式压实机械按行走方式分为自行式压路机和牵引式压路机两类。自行式压路机常用的有光轮压路机、轮胎压路机。

适用范围：自行式压路机主要用于土方、砾石、碎石的回填压实及沥青混凝土路面的施工。

（3）振动压实机械

工作原理：振动压实机械是利用机械的高频振动，把能量传给被压土壤，降低土壤颗粒间的摩擦力，在压实能量的作用下，达到较大的密实度。

分类：振动压实机械按行走方式分为手扶平板式振动压实机和振动压路机两类。

适用范围：手扶平板式振动压实机主要用于小面积的地基夯实。振动压路机是效率高、经济的振动压实机械，主要用在工程量大的大型土石方工程中。

拓展笔记

模块 2　土方开挖与机械选择

1. 土方开挖

土方开挖方式

（1）基坑（槽）开挖的原则

基坑（槽）土方开挖应遵循“开槽支撑，先撑后挖，分层开挖，严禁超挖”的原则。

（2）基坑（槽）开挖的注意事项

① 在坑顶 1.0 m 内不得堆放弃土，在此距离外堆土高度不得超过 1.5 m；

② 在桩基周围、墙基或围墙一侧，不得堆土过高；

③ 基坑（槽）挖好后，应立即做垫层或浇筑基础；

④ 如用机械挖土，为防止基底土被扰动，在基底留出 200 ~ 400 mm 厚的土层，待基础施工前用人工开挖；

⑤ 挖土不得挖至基坑（槽）的设计标高以下，如个别处超挖，应用与基土相同的土料填补，并夯实到要求的密实度。

2. 机械选择

（1）土方机械的选择原则

根据工程特点和技术条件，进行技术经济比较，选择效率高、费用低的机械。

（2）土方机械的选择要点

① 地形起伏不大，平均运距短，挖填平整土方的面积较大，土的含水量适当，可选择铲运机。

② 地形起伏较大的丘陵地带，当挖土高度在 3 m 以上，运输距离超过 1 km，工程量较大且又集中时，可采用下述三种方式进行挖土和运土：

- 正铲挖土机配合自卸汽车进行施工；
- 用推土机将土推入漏斗，并用自卸汽车在漏斗下装土并运走；
- 用推土机预先把土推成一堆，用装载机把土装到汽车上运走。

③ 开挖基坑时根据下述原则选择机械：

- 土的含水量较小，可结合运距长短、挖掘深浅，分别采用推土机、铲运机或正铲挖土机配合自卸汽车进行施工；
- 如地下水位较高，则采用反铲、拉铲或抓铲挖土机配合自卸汽车较为合适。

④ 移挖作填或基坑、管沟的回填土方施工，运距在 60 ~ 100 m 宜选用推土机。

3. 挖土机与运土车辆的配套计算

土方机械配套计算时，应先确定主导施工机械，其他机械应按主导机械的性能进行配套选用。当用挖土机挖土、汽车运土时，应以挖土机为主导机械（计算过程参照实训案例）。

拓展笔记

新技术应用（新技术、新工艺、新材料、新设备）

盾构法

盾构法，作为一种在地面下进行暗挖隧道的施工方法，随着国内轨道交通事业的蓬勃发展，正逐渐展现其独特的优势。当前，大中型城市以及珠三角等区域，建筑和公用设施日益密集，交通网络错综复杂。在这样的背景下，如果采用传统的明挖法进行隧道施工，特别是在城市中心区域，遇到隧道埋深较大、地质条件复杂的情况，不仅施工难度极大，成本高昂，而且施工工艺也极为复杂，难以顺利推进。

相比之下，盾构法在城市地下铁道、上下水道、电力通信以及市政公用设施等各类隧道建设中展现出了显著的优势。同时，在需要穿越水域、沼泽地和山地等复杂地形的公路、铁路隧道或水工隧道工程中，盾构法也因其经济合理性和技术上的优越性而得到了广泛的应用。图 1-4-2 为我国生产的大型盾构机。

盾构法施工

图 1-4-2　国产大型盾构机

拓展笔记

任务实施（理实一体化）

1. 单选题

（1）以下哪一种机械能综合完成挖土、运土、平土或填土等全部土方施工工序？（　　）

A. 推土机　　B. 铲运机

C. 单斗挖土机　　D. 装载机

（2）“直上直下，自重切土”的挖掘机为（　　）。

A. 推土机　　B. 铲运机

C. 单斗挖土机　　D. 抓铲挖掘机

2. 多选题

（1）单斗挖土机按照工作装置不同分为哪几类？（　　）

A. 正铲挖土机　　B. 拉铲挖土机

C. 反铲挖土机　　D. 抓铲挖土机

（2）反铲挖土机的开挖方式有哪些？（　　）

A. 正向挖土、侧向卸土　　B. 正向挖土、反向卸土

C. 沟侧开挖　　D. 工作面狭小

3. 判断题

（1）抓铲挖掘机的特点是“直上直下，自重切土”，适于开挖土质较松软，施工面狭窄而深的基坑、深槽，以及沉井挖土，清理河泥等。（　　）

（2）拉铲挖掘机挖土半径和深度较大，适用于开挖停机面以上的土方。（　　）

（3）盾构法是在地面下暗挖隧道的一种施工方法。（　　）

4. 客观题

（1）完成虚拟仿真中“行走课堂”实训任务。

（2）总结单斗挖土机的不同挖土形式。

5. 综合任务实施（理实一体化）

按照现有成套施工图，在教师的指导下分组编制完成一份挖土机与运土车辆的选择及配套计算。

任务5　土方的填筑与压实

任务目标

- 掌握填筑要求及不同压实方法；
- 掌握压实影响因素；
- 掌握土的干密度与含水量的关系，初步具备试验检测能力。

任务描述

土方工程填筑与压实常用的施工机械有压实机，方法有碾压法、夯实法和振动压实法。按照现有成套施工图，请检测压实后土是否满足最大干密度的要求。

知识链接

模块1　填筑的要求

课程引入： 建筑施工机械化是必然趋势，为保证填方强度和稳定性要求，应正确选择填土的种类和填筑方法。

1. 填筑的设计要求

（1）碎石类土、砂土和爆破石渣，可用作表层以下的填料；

（2）黏土填筑前应检查其含水量是否在控制范围内；

（3）含有大量有机质的土，吸水后容易变形，承载能力降低；

（4）淤泥、冻土、膨胀土等均不应作为填土。

2. 填筑要点

（1）填土应分层进行，并尽量采用同类土填筑；

（2）如采用不同土填筑时，应将透水性较大的土层置于透水性较小的土层之下，不能将各种土混杂在一起使用，以免填方内形成水囊；

（3）碎石类土或爆破石渣作填料时，其最大粒径不得超过每层铺土厚度的3/4；

（4）铺填时，大块料不应集中，且不得填在分段接头或填方与山坡连接处。

拓展笔记

模块 2 填土压实方法

填土的压实方法有碾压法、夯实法和振动压实法。

土方的填筑与压实

1. 碾压法

原理：碾压法是利用机械滚轮的压力压实土壤，使之达到所需的密实度，碾压机械有光面碾（压路机）、羊足碾和气胎碾。

特点及适用范围：光面碾对砂土、黏性土均可压实；羊足碾需要较大的牵引力，且只宜压实黏性土；气胎碾在工作时是弹性体，其压力均匀，填土质量较好。

2. 夯实法

原理：夯实法是利用夯锤自由下落的冲击力来夯实土壤，用于小面积回填。

夯实方法：夯实法分为人工夯实和机械夯实两种。

夯实机具：夯实机械有夯锤、内燃夯土机和蛙式打夯机，人工夯土用的工具有木夯、石夯、飞硪等。

3. 振动压实法

原理：振动压实法是将振动压实机放在土层表面，借助振动机械使压实机械振动，土颗粒在振动力的作用下发生相对位移而达到紧密状态。

适用范围：如使用振动碾进行碾压，可使土受振动和碾压两种作用，碾压效率高，适用于大面积填方工程。

拓展笔记

模块 3 填土压实影响因素

填土压实的影响因素较多，主要有压实功、土的含水量以及每层铺土厚度。

1. 压实功的影响

填土压实后的密度与所耗的功的关系。

2. 含水量的影响

填土含水量应达到最佳含水量。最佳含水量是指压实功一定时，使回填土达到最大干密度的含水量（图 1-5-1）。

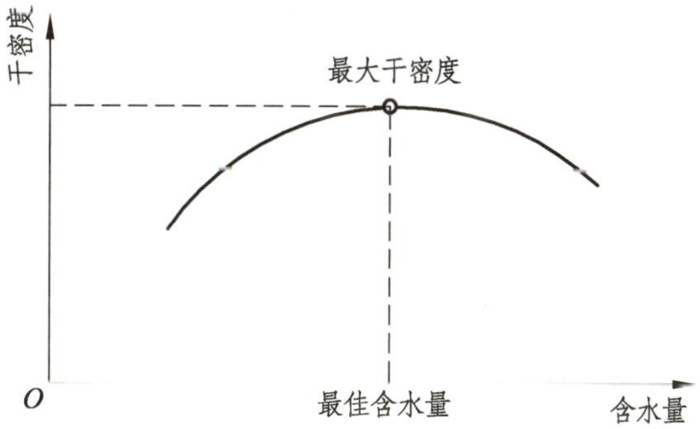

图 1-5-1 土的干密度与含水量关系

在工地检验黏性土含水量的简易方法一般是以手握成团落地开花为适宜。

3. 铺土厚度的影响

铺得过厚，每层的碾压遍数增加；铺得过薄，总压实遍数增加。最优的铺土厚度应能使土方压实而机械的功耗费最少。

上述三方面因素之间是互相影响的。

拓展笔记

新技术应用（新技术、新工艺、新材料、新设备）

压实之王——振动压实机

振动压实机系在压路机上加装激振器而成，以机械激振力使材料颗粒在共振中重新排列而密实，其特点是振动频率高，对黏结性弱的松散土石（如砂土、碎石等）压实效果较好。

振动压实机（图 1-5-2）是如今发展迅速的机型，有取代静力碾压式压实机的趋势。

图 1-5-2　振动压实机

拓展笔记

任务6 土方工程的冬期、雨期施工

任务目标

- 掌握土方冬季施工要求；
- 掌握土方雨季施工要求；
- 初步具备土方工程季节性施工方案编制的能力。

任务描述

土方工程冬季被冻结、雨季被浸泡，都会对其施工造成一定影响。因此对土方工程的冬季、雨季施工提出特别的要求与方法，保证工程在满足质量要求的前提下做到连续施工。按照现有成套施工图，请编写土方工程季节性施工方案。

知识链接

模块1 冻土的定义、特性及分类

课程引入：我国幅员辽阔，四季分明，冬季、雨季施工周期长。在结冻时土的机械强度大大提高，使土方工程冬期施工造价增高，工效降低，寒冷地区土方工程施工一般宜在入冬前完成。若必须在冬期施工时，其施工方法应结合施工条件进行技术经济比较后确定。施工前应周密计划，做好准备，做到连续施工。

1. 冻结深度

当温度低于0 °C时，含有水分而冻结的各类土称为冻土。我们把冬季土层冻结的厚度叫冻结深度。

2. 冻土的分类

按季节性冻土地基冻胀量的大小及其对建筑物的危害程度，将地基土的冻胀性分为四类。

Ⅰ类：不冻胀。冻胀率 $K_a \leqslant 1\%$，对敏感的浅基础均无危害。

Ⅱ类：弱冻胀。$K_a = 1\% \sim 3.5\%$，对浅埋基础的建筑物也无危害。在最不利条件下，可能产生细小的裂缝，但不影响建筑物的安全。

Ⅲ类：冻胀。$K_a = 3.5\% \sim 6\%$，浅埋基础的建筑物将产生裂缝。

Ⅳ类：强冻胀。$K_a > 6\%$，浅埋基础将产生严重破坏。

拓展笔记

模块 2　地基土的保温防冻

常用做法有松土防冻法、覆盖雪防冻和隔热材料防冻等。

1. 保温材料覆盖法

面积较小的基槽（坑）的防冻，可直接用保温材料覆盖，表面加盖一层塑料布。常用保温材料有炉渣、锯末、膨胀珍珠岩、草袋、树叶等。

2. 暖棚保温法

已经开挖的较小的基槽（坑）的保温与防冻可采用暖棚保温法。在已挖好的基槽（坑）上，搭好骨架铺上基层，覆盖保温材料；也可搭设塑料大棚，在棚内采取供暖措施。

拓展笔记

模块 3　冻土的开挖

1. 人工法开挖

人工开挖冻土适用开挖面积较小和场地狭窄，不具备用其他方法进行土方破碎、开挖的情况。

2. 机械法开挖

当冻土层厚度为 0.25 m 以内时，可用推土机或中等动力的普通挖掘机施工开挖。

当冻土层厚度为 0.3 m 以内时，可用拖拉机牵引的专用松土机破碎冻土层；当冻土层厚度为 0.4 m 以内时，可用斗容量≥1 m^3 的挖土机开挖土体；当冻土层厚度为 0.4 ~ 1 m 时，可用松碎冻土的打桩机进行破碎。

最简单的施工方法是用风镐将冻土破碎，然后用人工和机械挖掘运输。

3. 爆破法开挖

爆破法适用于冻土层较厚、面积较大的土方工程。这种方法是将炸药放入直立爆破孔或水平爆破孔或进行爆破，冻土破碎后用挖土机挖出，或借爆破的力量向四周崩出，做成需要的沟槽。

冻土爆破必须由具有专业施工资质的施工队伍进行施工，严格遵守国家爆破器材管理规定和爆破操作规定。

拓展笔记

模块 4　冬期回填土施工要点

1. 冬期回填土应尽量选用未受冻的、不冻胀的土壤进行回填施工。
2. 填土前，应清除基础上的冰雪和保温材料。
3. 填方边坡表层 1 m 以内，不得用冻土填筑。
4. 填方上层应用未冻的、不冻胀的或透水性好的土料填筑。

5. 冬期填方每层铺土厚度应比常温施工时减少 20% ~ 25%，预留沉降量应比常温施工时适当增加。

6. 用含有冻土块的土料作回填土时，冻土块粒径不得大于 150 mm；铺填时，冻土块应均匀分布、逐层压实。

7. 室外的基槽（坑）或管沟可用含有冻土块的土回填，但冻土块体积不得超过填土总体积的 15%，而且冻土块的粒径应小于 150 mm。

8. 室内地面垫层下回填时，填料中不得含有冻土块。

9. 管沟底至管顶 0.5 m 范围内不得用有冻土块的土回填。

10. 回填工作应连续进行，防止基土或已填土层受冻。

11. 当采用人工夯实时，每层铺土厚度不得超过 200 mm，夯实厚度宜为 100 ~ 150 mm。

12. 冬期施工室外平均气温在 – 5 °C 以上时，填方高度不受限制；平均气温在 – 5 °C 以下时填方高度由设计单位计算确定。用石块和不含冰块的砂土、碎石类土填筑时，填方高度不受限制。

拓展笔记

模块 5　雨季施工

1. 雨季施工的重点应解决好施工现场的截水和排水问题。

（1）截水是在施工现场的上游设截水沟，阻止场外水流入施工现场。

（2）排水是在施工现场内合理规划排水系统，并修建排水沟，使雨水按要求排至场外。

（3）水沟的横断面和纵向坡度应按照施工期最大流量确定。一般水沟的横断面不小于 0.5 m × 0.5 m，纵向坡度一般不小于 3‰，平坦地区坡度不小于 2‰。

2. 大量的土方开挖和回填工程应在雨期来临前完成。开挖场地应设一定的排水坡度，场地内不能积水。

（1）基槽（坑）或管沟开挖时，应注意边坡稳定。必要时可适当放缓边坡坡度或设置支撑。施工时要加强对边坡和支撑的检查。当挖到基础标高后，应及时组织验收并浇筑混凝土垫层。

（2）填方工程施工时，取土、运土、铺填、压实等各道工序应连续进行；雨前应及时压完已填土层，将表面压光并做成一定的排水坡度。

（3）对处于地下的水池或地下室工程，要防止水对建筑的浮力大于建筑物自重时造成地下室或水池上浮。

拓展笔记

模块 6　土方工程施工安全技术

1. 基坑开挖时，两人操作间距应大于 2.5 m；多台机械开挖时，挖土机间距应大于 10 m。
2. 基坑开挖应严格按要求放坡。操作时应注意支撑的稳固和土壁的变化。
3. 当基坑（槽）挖土深度超过 3 m 时，坑内人员应戴安全帽。
4. 用手推车运土，应先铺好道路。不得放手让车自动翻转。
5. 深基坑上下应先挖好阶梯或设置靠梯，或开辟斜坡道以便通行。基坑四周应设置安全栏杆或悬挂危险标志。
6. 应经常检查基坑（槽）设置的支撑是否有松动变形等不安全迹象，特别是雨后更应加强检查。
7. 坑（槽）沟边 1 m 以内不得堆土、堆料和停放机具，1 m 以外堆土，其高度不宜超过 1.5 m。

拓展笔记

新技术应用（新技术、新工艺、新材料、新设备）

修建在高原冻土层上的青藏铁路

青藏高原海拔高，纬度低，地形险要，分布着大面积的高原冻土，植被稀少，环境脆弱，成为地球上几乎不可逾越的第三极。历史上，由于交通落后，青藏高原的经济发展受到了严重制约。因此，将铁路修建到青藏高原上，是中国延续了百余年的宏愿。经过几代人半个多世纪的努力，青藏铁路终于在 2006 年建成通车，如图 1-6-1 所示。

为解决融沉冻胀等对铁路路基造成的形变，就要依靠材料或结构增大热阻，减少热量，冷却冻土层，保持冻土地基的稳定。

图 1-6-1　青藏铁路（高原冻土地区）

拓展笔记

任务实施（理实一体化）

1. 单选题

（1）作为检验填土压实质量控制指标的是什么？（　　）

A. 土的干密度　　B. 土的压实度

C. 土的压缩比　　D. 土的可松性

（2）土的压实与下列哪个因素无关？（　　）

A. 压实功　　B. 含水量

C. 分层厚度　　D. 压实机械

2. 多选题

（1）以下哪些土不宜作为回填土？（　　）

A. 含水量大的黏土　　B. 含有大量有机质的土

C. 水溶性硫酸盐含量大于 5%的土　　D. 淤泥、冻土、膨胀土

（2）填土压实的方法有哪些？（　　）

A. 羊足碾碾压法　　B. 平碾碾压法

C. 夯实法　　D. 振动压实法

3. 判断题

（1）坑（槽）沟边 1 m 以内不得堆土、堆料和停放机具，1 m 以外堆土，其高度不宜超过 1.5 m。（　　）

（2）基坑开挖时，两人操作间距应大于 2.5 m；多台机械开挖时，挖土机间距应大于 5 m。（　　）

（3）冬期施工室外平均气温在 − 5 °C 以上时，填方高度不受限制。（　　）

4. 客观题

（1）完成虚拟仿真中“行走课堂”实训任务。

（2）总结压实的影响因素。

5. 综合任务实施（理实一体化）

按照现有成套施工图，在教师的指导下分组编制完成一份陕北区域湿陷性黄土地基冬季施工方案。

评价反馈

<table>
<tr><td>项目</td><td colspan="2">项目要求</td><td>自评得分</td><td>小组得分</td></tr>
<tr><td rowspan="5">素养
（20 分）</td><td rowspan="3">纪律情况
（10 分）</td><td>不迟到、不早退</td><td></td><td rowspan="5"></td></tr>
<tr><td>遵守课堂纪律</td><td></td></tr>
<tr><td>积极思考回答问题</td><td></td></tr>
<tr><td rowspan="2">职业道德
（10 分）</td><td>团队合作</td><td></td></tr>
<tr><td>精益求精</td><td></td></tr>
<tr><td rowspan="3">核心技术
（60 分）</td><td rowspan="2">施工要点
（20 分）</td><td>能描述施工要点</td><td></td><td rowspan="3"></td></tr>
<tr><td>能完成施工相关题目</td><td></td></tr>
<tr><td>施工方案
（40 分）</td><td>能编制施工方案</td><td></td></tr>
<tr><td rowspan="4">工作页完成情况
（20 分）</td><td colspan="2">笔记重难点突出</td><td></td><td rowspan="4"></td></tr>
<tr><td colspan="2">任务实施部分完成度</td><td></td></tr>
<tr><td colspan="2">客观题回答精准</td><td></td></tr>
<tr><td colspan="2">施工方案编写规范</td><td></td></tr>
<tr><td colspan="3">教师评价（100 分）</td><td colspan="2"></td></tr>
<tr><td>个人评价小结及反馈</td><td colspan="4">

年　　月　　日</td></tr>
<tr><td>学生</td><td></td><td>教师</td><td colspan="2"></td></tr>
</table>

项目 2 地基与基础工程施工

学习目标

通过本项目的学习，掌握地基的加固处理方法、适用范围、施工工艺及质量检查要点；掌握浅基础施工要点；熟悉桩基础施工工艺、质量要求；掌握桩基础的质量验收标准及检测方法；能编制常见的基础工程施工方案；能进行基础工程施工质量检查与验收。

学习重点

1. 地基的加固处理方法、适用范围；
2. 地基的施工工艺及质量检查要点；
3. 桩基础施工工艺、质量要求。

学习难点

1. 桩基础的质量验收标准及检测技术；
2. 编制常见的基础工程施工方案。

任务1　地基处理及加固

任务目标

- 掌握地基处理方法及适用范围；
- 掌握换土地基施工要点，并运用于施工现场管理；
- 掌握其他地基处理方法的质量与安全要求，在施工中进行安全监督指导；
- 初步具备浅地基处理方案编制的能力。

任务描述

任何建筑物都必须有可靠的地基和基础，建筑物的全部重量（包括各种荷载）最终将通过基础传递给地基。因此，天然地基软弱，不符合设计要求时，应对其进行处理。常见的地基处理方法主要有换土、重锤夯实、振冲、化学固结、砂桩挤密、深层搅拌堆载预压等。按照现有成套施工图，请编制一份灰土地基处理的施工方案。

知识链接

模块1　换土地基

课程引入：湿陷性黄土是一种特殊性质的土，其土质较均匀、结构疏松、孔隙发育。在未受水浸湿时，一般强度较高，压缩性较小。当土在一定压力下受水浸湿时，其结构会迅速破坏，产生较大附加下沉，强度迅速降低。因此在湿陷性黄土场地上进行工程建设时，应根据建筑物的重要性、地基受水浸湿可能性的大小和在使用期间对不均匀沉降限制的严格程度，采取以地基处理为主的综合措施，防止地基湿陷对建筑产生危害。

1. 概　念

换土地基是先将基础下一定范围内承载力差的软土层挖去，然后回填强度较大的砂、碎石或灰土，并夯至密实。

地基与基础工程施工方法

2. 分　类

换土地基按其回填的材料可分为砂地基、碎（砂）石地基、灰土地基等。

3. 施工要点

（1）材料要求

砂地基和砂石地基所用的材料，宜采用颗粒级配良好，质地坚硬的中砂、粗砂、砾砂、碎（卵）石、石屑或其他工业废颗粒。在缺少中、粗砂的地区可采用细砂，但宜同时掺入一定数量的碎（卵）石，其掺入量应符合地基材料含石量不大于 50%的标准。所用砂石料不得含有草根、垃圾等有机杂物，含泥量不应超过 5%，兼做排水地基时，含泥量不应超过 3%，碎石或卵石最大粒径不宜大于 50 mm。

灰土的土料宜采用就地挖出的黏性土及塑性指数大于 4 的粉土，使用前土料应过筛，其粒径不得大于 15 mm。用作灰土的熟石灰应过筛，粒径不得大于 5 mm。灰土的配合比一般为 2：8 或 3：7（石灰：土）。

（2）技术要点

① 铺设地基前应先验槽，先将地基表面浮土、淤泥等杂物清除干净，边坡必须稳定，防止塌方。基坑（槽）两侧附近如有低于地基的孔洞、沟、井和墓穴等，应在未做换土地基前加以处理。

② 砂地基和砂石地基底面宜铺设在同一标高上，如深度不同，施工应按先深后浅的程序进行。土面挖成踏步或斜坡搭接，搭接处应夯压密实。分层铺筑时，接头应做成斜坡或阶梯形搭接，每层错开 0.5 ~ 1.0 m，并充分振捣密实。

③ 人工级配的砂、石材料，应按级配拌和均匀，再进行铺填捣实。

④ 地基应分层铺筑夯（压）实，每层的铺筑厚度不宜超过表 2-1-1 规定数值。施工时应对下层的密实度检验合格后，方可进行上层施工。

⑤ 在地下水位高于基坑（槽）底面时施工，应采取排水或降低地下水位的措施，使基坑（槽）保持无积水状态。当采用水撼法或插入振动法施工时，应有控制地注水和排水。

⑥ 冬期施工时，不得采用夹有冰块的砂石作地基，并应采取措施防止砂石内水分冻结。

表 2-1-1　砂和砂石地基每层铺筑厚度及最佳含水量

压实方法	每层铺筑厚度/mm	施工时最优含水量/%	施工说明	备注
平振法	200 ~ 250	15 ~ 20	用平板振动器往复振捣	不宜用于干细砂或含泥量较大的砂铺筑的地基
插振法	振动器插入深度	饱和	1. 用插入式振捣器； 2. 插入点间距可根据机械振幅大小决定； 3. 不应插至下卧黏土层； 4. 插入振捣完毕后所留的孔洞，用砂填实	
水撼法	250	饱和	1. 注水高度应超过每次铺筑面层； 2. 用钢叉摇撼、捣实，插入点间距 100 mm； 3. 钢叉分四齿，齿间距为 80 mm，长 300 mm	
夯实法	150 ~ 200	8 ~ 12	1. 用木夯或机械夯； 2. 木夯重 40 kg，落距 400 ~ 500 mm； 3. 一夯压半夯，全面夯实	
碾压法	150 ~ 350	8 ~ 12	6 ~ 12 t 压路机往复碾压	适用于大面积施工的砂和砂石地基

注：在地下水位以下的地基，其最下层的铺筑厚度可以比上表增加 50 mm。

（3）砂和砂石地基的质量验收标准及方法

① 砂和砂石地基的质量验收标准应符合表 2-1-2 的有关要求。

表 2-1-2　砂和砂石地基质量验收标准

项目	序号	检查项目	允许偏差或允许值	检查方法
主控项目	1	地基承载力	设计要求	按规定方法
	2	配合比	设计要求	按拌和时的体积比或重量比
	3	压实系数	设计要求	现场实测
一般项目	1	砂石料有机质含量	≤5%	焙烧法
	2	砂石料含泥量	≤5%	水洗法
	3	石料粒径	≤100 mm	筛分法
	4	含水量（与最优含水量比较）	±2%	烘干法
	5	分层厚度（与设计要求比较）	±50 mm	水准仪

② 灰土地基质量检查时，宜用环刀取样测定其干密度。质量标准可按压实系数鉴定，一般为 0.93 ~ 0.95。压实系数为土在施工时实际达到的干密度ρ_d与室内采用击实试验得到的最大干密度ρ_{dmax}之比。

③ 砂和砂石地基密实度现场实测常用方法有环刀取样法和贯入测定法。

环刀取样法：在捣实后的砂地基中，用容积不小于 200 cm^3 的环刀取样，测定其干密度，以不小于通过试验所确定的该砂料在中密度状态时的干密度数值为合格。若为细砂石地基，可在地基中设置纯砂检查点，在相同施工条件下取样检查。

贯入测定法：检查时先将表面的砂刮去 30 mm 左右，用直径为 20 mm、长为 1 250 mm 的平头钢筋举离砂层面 70 cm 自由下落，或者用水接法使用的钢叉举离砂面层 50 cm 自由下落。钢筋或者钢叉的插入深度，可根据砂的控制干密度预先进行小型试验确定。

4. 特点及适用范围

换土地基适用于埋深较浅，三、四层房屋软弱与不均匀地基处理。

拓展笔记

1. 概　念

强夯地基是用起重机械将大吨位（一般 8～30 t）夯锤起吊到 6～30 m 高度后，自由落下给地基土以强大的冲击能量，使土中出现强大冲击波和很大的冲击应力，迫使土层孔隙压缩，土体局部液化，使土粒重新排列，经时效压密达到固结，从而提高地基承载力，降低其压缩性的一种有效的地基加固方法。该方法具有效果好、速度快、节省材料、施工简便的优点，但施工时噪声和振动较大。

2. 机具设备

（1）起重设备

起重设备宜选用起重能力为 150 kN 以上的履带式起重机，也可以采用专用的三角起重架或龙门架做起重设备。起重机械的起重能力为：当直接用钢丝绳悬吊夯锤时，应大于夯锤质量的 3～4 倍；当采用自动脱钩装置时，起重能力应大于夯锤质量的 1.5 倍。

（2）夯锤

夯锤可用钢材制作，或以钢板为外壳，内部焊接钢筋骨架后浇筑 C30 混凝土制成。夯锤底部有圆形和方形两种，圆形不易旋转，定位方便，稳定性和重合性好，应用较广。锤底面积取决于表层土质，砂土一般为 3～4 m^2，黏性土或淤泥质土不宜小于 6 m^2。夯锤中宜设置若干个上下贯通的通气孔，以减少夯击时的空气阻力（图 2-1-1）。

（3）脱钩装置

脱钩装置应具有足够的强度，且施工灵活。常用的工地自制自动脱钩装置由吊环、耳板、销环、吊钩等组成，由钢板焊接制成（图 2-1-2）。

图 2-1-1　夯锤

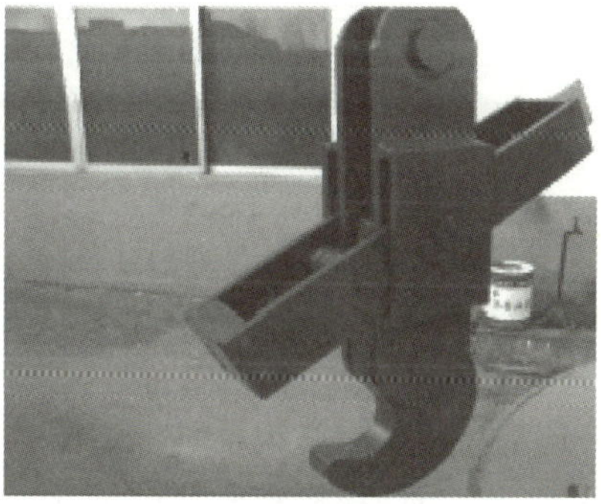

图 2-1-2　脱钩装置

3. 施工要点

（1）强夯施工前，应进行地基勘察和试夯。通过对试夯前后试验结果对比分析，确定正式施工时的技术参数。

（2）强夯前应平整场地，周围做好排水沟，按夯点布置测量放线确定夯位。当地下水位较高时，应在表面铺 0.2 ~ 0.5 m 中（粗）砂或砂石地基，其目的是在地表形成硬层，可以支承起重设备，确保机械通行、施工，又可便于强夯产生的孔隙水压力消散。

（3）强夯施工须按试验确定的技术参数进行。一般以各夯点的夯击数为施工控制值，也可采用试夯后确定的沉降量控制。夯击时，落锤应保持平稳，夯位准确，如偏位或坑底倾斜过大，宜用砂土将坑底整平，才可以进行下一次夯击。

（4）每夯击一遍后，应测量场地平均下沉量，然后用土将夯坑填平，方可进行下一遍夯击。最后一遍的场地平均下沉量必须符合要求。

（5）强夯施工最好在干旱季节进行，如遇雨天施工，夯击坑内或夯击过的场地有积水时必须及时排除。冬季施工时，应将冻土击碎。

（6）强夯施工时应对每一夯实点的夯击能量、夯击次数和每次夯沉量等做好详细的现场记录。

4. 强夯地基质量检验标准及方法

强夯地基质量检验标准应符合表 2-1-3 的规定。

表 2-1-3　强夯地基工程质量标准和检验方法

项目	序号	检查项目	允许偏差或允许值	检查方法
主控项目	1	地基强度	设计要求	按规定方法
	2	地基承载力	设计要求	按规定方法
一般项目	1	夯锤落距	±300 mm	钢索设标志
	2	锤重	±100 kg	称重
	3	夯击遍数及顺序	设计要求	计数法
	4	夯点间距	±500 mm	用钢尺量
	5	夯击范围（超出基础范围距离）	设计要求	用钢尺量
	6	前后两遍间歇时间	设计要求	

强夯地基应检查施工记录及各项技术参数，并应在夯击过的场地选点做试验。一般可采用标准贯入、静力触探或轻便触探等方法，符合试验确定的指标时即为合格。检验点数，每个建筑物的地基不少于 3 处，检测深度和位置按设计要求确定。

5. 特点及适用范围

该法具有效果好、速度快、节省材料、施工简便等优点，但施工时噪声和振动大；适用于碎石土、砂土、黏性土、湿陷性黄土及填土地基等的加固处理。

拓展笔记

模块 3　重锤夯实地基

1. 概　念

重锤夯实是利用起重机将夯锤（1.5 ~ 3 t）提升到一定高度，然后自由落下，重复夯击基土表面，使地基表面形成一层较为均匀的硬壳层，从而使地基得到加固。该法具有施工简单、费用较低，但布点较密，夯击遍数多，施工工期相对较长，夯击能量小，孔隙水难以消散，加固深度有限，当土的含水量稍高，易形成橡皮土，处理较困难等特点。重锤夯实适用于地下水位以上、稍湿的黏性土、砂土、饱和度 $S_r \leqslant 60\%$的湿陷性黄土、杂填土以及分层填土地基的加固处理；但当夯击振动对邻近的建筑物、设备及施工中的砌筑工程或混凝土浇筑等产生有害影响时，或地下水位高于有效夯实深度以及在有效深度内存在软黏土层时，不宜采用。

2. 机具设备

（1）起重设备

起重设备可选用配置有摩擦式卷扬机的履带式起重机、打桩机、龙门式起重机或悬臂式桅杆起重机等。起重机械的起重能力为：当直接用钢丝绳悬吊夯锤时，应大于夯锤质量的 3 倍；当采用自动脱钩装置时，应大于夯锤质量的 1.5 倍。

（2）夯锤

夯锤形状宜采用截头圆锥体，可用 C25 钢筋混凝土制成。夯锤底部可填充废铁并设置钢底板以使重心降低。锤质量宜为 1.5 ~ 3 t，锤底直径为 1.0 ~ 1.5 m，落距一般为 2.5 ~ 4.5 m，锤底单位静压力宜为 15 ~ 20 kPa。吊钩宜采用半自动脱钩器，以减小吊索的磨损和机械振动。

3. 施工要点

（1）施工前应在现场进行试夯，选定夯锤重量、底面直径和落距，以便确定最后下沉量及相应的夯击遍数和总下沉量。最后下沉量指最后两击平均每击土面的夯沉量，对黏性土和湿陷性黄土取 10 ~ 20 mm，对砂土取 5 ~ 10 mm。通过试夯可确定夯实遍数，一般试夯 6 ~ 10 遍，施工时可适当增加 1 ~ 2 遍。

（2）采用重锤夯实分层填土地基时，每层的虚铺厚度以相当于锤底直径为宜，夯击遍数由试夯确定，试夯层数不宜少于两层。

（3）基坑（槽）的夯实范围应大于基础底面，每边应比设计宽度加宽 0.3 m 以上，以便于底面边角夯打密实。基坑（槽）边坡应适当放缓。夯实前坑（槽）底面应高出设计标高，预留土层的厚度可为试夯时的总下沉量再加 50 ~ 100 mm。

（4）夯实时地基土的含水量应控制在最优含水量范围内。如土的表层含水量过大，可采用铺撒吸水材料（如干土、碎砖、生石灰等）或换土等措施；如含水量过低，应适当洒水，待水分全部渗入土中，一昼夜后方可夯打。

（5）在大面积基坑或条形基槽内夯击时，应按一夯挨一夯顺序进行［图 2-1-3（a）］。在一次循环中同一夯位应连夯两遍，下一循环的夯位，应与前一循环错开 1/2 锤底直径，落锤平稳，夯位应准确。在独立柱基基坑内夯击时，可采用先周边后中间［图 2-1-3（b）］或先外后里的跳打法［图 2-1-3（c）］进行。当基坑（槽）底面的标高不同时，应按先深后浅的顺序逐层夯实。

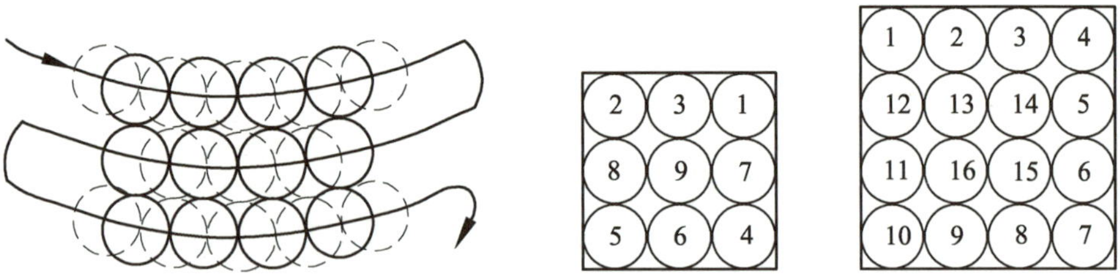

（a）　　（b）　　（c）

图 2-1-3　打夯顺序

（6）夯实完后，应将基坑（槽）表面修整至设计标高。冬期施工时，必须保证地基在不冻的状态下进行夯击，否则应将冻土层挖去或将土层融化。若基坑挖好后不能立即夯实，应采取防冻措施。

4. 质量检查

重锤夯实后应检查施工记录，除应符合试夯最后下沉量的规定外，还应检查基坑（槽）表面的总下沉量，以不小于试夯总下沉量的 90%为合格。也可采用在地基上选点夯击检查最后下沉量。夯击检查点数：独立基础每个不少于 1 处，基槽每 20 m 不少于 1 处，整片地基每 50 m^2 不少于 1 处。检查后如质量不合格，应进行补夯，直至合格为止。

5. 特点及适用范围

重锤夯实施工简便、费用较低，但布点较密，夯击遍数多，施工期相对较长，同时夯击能量小，孔隙水难以消散，加固深度有限，当土的含水量稍高，易夯成橡皮土，处理较困难；适用于处理地下水位以上稍湿的黏性土、砂土、湿陷性黄土、杂填土和分层填土地基。

拓展笔记

模块 4　振冲地基

1. 概　念

振冲地基，又称振冲复合地基，是以起重机吊起振动器，启动潜水电机带动偏心块，使振冲器产生高振动，同时开动水泵，通过喷嘴喷射高压水流成孔，然后分批填以砂石骨料形成一根根桩体，桩体与原地基构成复合地基，从而提高地基的承载力，减少地基的沉降和不均匀沉降，是一种快速、经济有效的加固方法。振冲地基按加固机理和效果的不同，可分为振冲置换法和振冲密实法两类。

2. 机具设备

（1）振冲器

宜采用带潜水电机的振冲器，其功率、振动力、振动率等参数，可按加固的孔径，达到的土体密实度选用。

（2）起重设备

起重能力和提升高度均应符合施工和安全要求，起重能力一般为 80 ~ 150 kN。

（3）水泵及供水管道

供水压力宜大于 0.5 MPa，供水量宜大于 20 m^3/h。

（4）加料设备

可采用翻斗车、手推车或皮带运输机等，其能力须符合施工要求。

（5）控制设备

控制电流操作台，附有 150 A 以上容量的电流表、500 V 电压表等。

3. 施工要点

（1）施工前应现场进行振冲试验，以确定成孔合适的水压、水量、成孔速度、填料方法、达到土体密实时的密实电流值、填料量和留振时间。

（2）振冲前，应按设计图定出冲孔中心位置并编号。

（3）启动水泵和振冲器，水压可用 400 ~ 600 kPa，水量可用 200 ~ 400 L/min，使振冲器以 12 m/min 的速度徐徐沉入。当下沉达到设计深度时，振冲器应在孔底适当停留并减小射水压力，以便排除泥浆进行清孔。在进行成孔作业时，可以先将振冲器以 1 ~ 2 m/min 的速度下沉至设计深度以上 0.3 ~ 0.5 m，然后将振冲器往上提到孔口，再采用相同的方法将其沉至孔底。如此往复 1 ~ 2 次，使孔内泥浆变稀，排泥 1 ~ 2 min 后，将振冲器提出孔口。

（4）填料和振密方法：成孔后，将振冲器提出孔口，从孔口往下填料，然后再下降振冲器至填料中进行振密（图 2-1-4），待密实电流达到规定的数值时，将振冲器提出孔口。如此自下而上反复进行直至孔口，成桩操作即告完成。

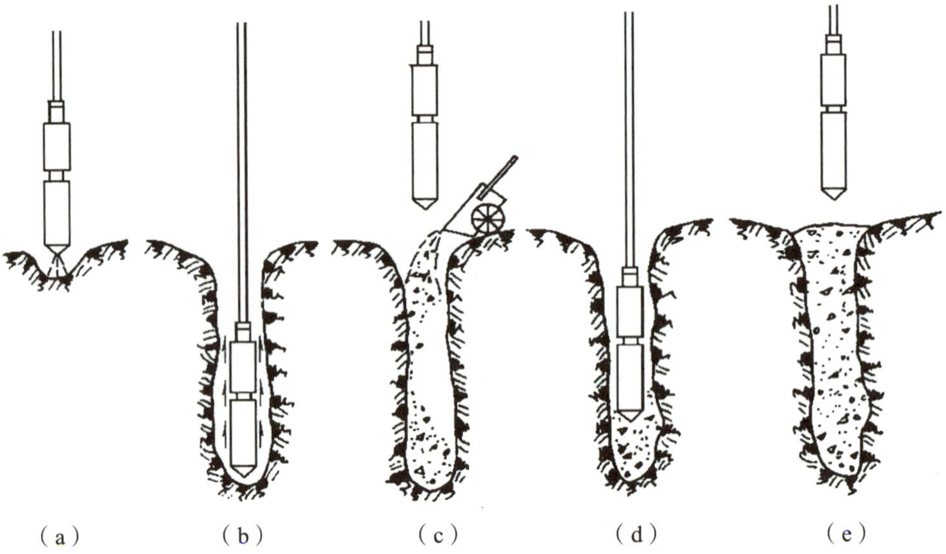

图 2-1-4　振冲法成桩施工工艺

（5）振冲桩施工时桩顶部约 1 m 范围内的桩体密实度难以保证，一般应予挖除，另做地基，或用振动碾压使之压实。

（6）冬季施工应将表层冻土破碎后成孔。每班施工完毕后应将供水管和振冲器水管内积水排净，以免冻结影响施工。

4. 质量检查

（1）振冲地基的质量检验标准

振冲地基质量应符合表 2-1-4 的标准。

表 2-1-4 振冲地基质量检验标准

项目	序号	检查项目	允许偏差或允许值	检查方法
主控项目	1	填料粒径	设计要求	抽样检查
	2	密实电流（黏性土）	50 ~ 55 A	电流表读数
		密实电流（砂性土或粉土）	40 ~ 50 A	
		（以上为功率 30 kW 振冲器）		
		密实电流（其他类型振冲器）	（1.5 ~ 2.0）A_0	电流表读数，A_0 为空振电流
	3	地基承载力	设计要求	按规定方法
一般项目	1	填料含泥量	<5%	抽样检查
	2	振冲器喷水中心与孔径中心偏差	≤50 mm	用钢尺量
	3	成孔中心与设计孔位中心偏差	≤100 mm	用钢尺量
	4	桩体直径	<50 mm	用钢尺量
	5	孔深	±200 mm	量钻杆或重锤测

（2）振冲地基的质量检验方法

施工前应检查振冲器的性能，电流表、电压表的准确度及填料的性能；施工中应检查密实电流、供水压力、供水量、填料量、孔底留振时间、振冲点位置、振冲器施工参数等；施工结束后，应在有代表性的地段做地基强度或地基承载力检验。

5. 特点及适用范围

该方法具有技术可靠、机具简单、操作技术易于掌握、施工简便、三材用料少、加固速度快、地基承载力高等特点。振冲置换法适用于处理不排水、抗剪强度不小于 20 kPa 的黏性土、粉土、饱和黄土及人工填土等地基。振冲密实法适用于处理砂土和粉土等地基，不加填料的振冲密实法仅适用于处理黏土粒含量小于 10%的粗砂、中砂地基。

6. 其他地基加固方法

（1）砂桩地基：挤密砂桩是采用沉管灌注桩的方法，通过冲击和振动，把砂挤入土中而成的。这种方法经济、简单且有效。

（2）水泥土搅拌桩地基：深层搅拌法是采用水泥、石灰等材料作为固化剂，通过深层搅拌机械，在地基深处将软土和固化剂（浆液或粉体）强制搅拌，利用固化剂和软土之间所产生的一系列物理、化学反应，使软土硬结成具有一定强度的优质地基。

（3）预压地基：堆载预压法是在建筑物施工前，在地基表面分级堆土或其他荷重，使地基土压密、沉降、固结，从而提高地基强度和减小建筑物建成后的沉降量。

（4）注浆地基：注浆地基是指利用化学溶液或胶结剂，通过压力灌注或搅拌混合等措施，将土粒胶结起来的地基处理方法。

拓展笔记

新技术应用（新技术、新工艺、新材料、新设备）

高压喷射注浆法

利用钻机将旋喷注浆管及喷头钻置于桩底设计高程，将预先配制好的浆液通过高压发生装置使液流获得巨大能量后，从注浆管边的喷嘴中高速喷射出来，形成一股能量高度集中的液流，直接破坏土体，喷射过程中，钻杆边旋转边提升，使浆液与土体充分搅拌混合，在土中形成一定直径的柱状固结体，从而使地基得到加固。施工中一般先钻后喷，再下钻喷射，然后提升搅拌，保证每米桩浆土比例和质量，施工工艺流程如图 2-1-5 所示。

高压喷射注浆法

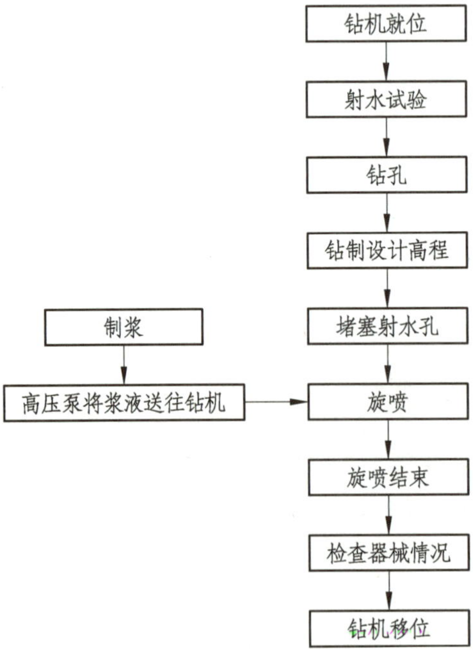

图 2-1-5　旋喷桩施工工艺流程

拓展笔记

任务实施（理实一体化）

1. 单选题

（1）换土地基中，回填土不得含有草根、垃圾等有机杂物，含泥量不应超过多少？（ ）

A. 2%　　B. 3%　　C. 5%　　D. 8%

（2）以下哪一项属于换土地基的处理方法？（ ）

A. 灰土地基　　B. 重锤夯实　　C. 强夯法　　D. 振冲法

2. 多选题

（1）常用的人工地基处理方法有哪些？（ ）

A. 换土地基法　　B. 重锤夯实法

C. 振冲法　　D. 深层搅拌地基法

（2）以下处理方法不适合城市中心的有哪些？（ ）

A. 重锤夯实　　B. 振冲法　　C. 换土地基法　　D. 强夯法

3. 判断题

（1）换土地基是指将基础下一定范围内承载力低的软土层挖去，然后回填强度较大的砂、碎石或灰土等，并夯至密实。（ ）

（2）灰土的石灰∶土的配合比一般为 2∶8 或 3∶7。（ ）

（3）换土地基施工前应先验槽。（ ）

（4）地基加固的原理是将土质由松变实、土的含水量由高变低，即可达到地基加固的目的。（ ）

（5）堆载预压法是指在饱和软土地基上施加荷载后，孔隙水被缓慢排出，空隙体积随之减少，地基发生固结变形，土体的密实度和强度提高。（ ）

4. 客观题

（1）完成虚拟仿真中“行走课堂”实训任务。

（2）总结换土垫层法工艺流程，并简要概述每个施工工序的质量标准。

5. 综合任务实施（理实一体化）

按照现有成套施工图，在教师的指导下分组编制完成一份陕北区域湿陷性黄土地基处理施工方案（附页），施工方案应包含以下内容：① 编制依据、原则；② 工程概况；③ 总体布置及工期安排；④ 施工技术方案；⑤ 工期保证措施；⑥ 质量目标、保证体系及保证措施；⑦ 安全生产目标及保证措施；⑧ 季节性施工保证措施；⑨ 环境保护、文明施工。

任务2　浅埋式钢筋混凝土基础施工

任务目标

- 掌握浅基础的构造特点及适用范围；
- 掌握浅基础的施工要点，并运用于施工现场管理；
- 掌握浅基础工程施工的质量与安全要求，在施工中进行安全监督指导；
- 初步具备浅基础工程施工方案编制的能力。

任务描述

天然浅基础埋深浅、结构形式简单、施工简便、造价较低，是建筑物最常用的基础类型之一。施工技术管理人员应能根据设计图纸，组织实施浅基础的施工，对基础进行质量验收。按照现有成套施工图，请编制一份现浇钢筋混凝土筏板基础施工方案。

知识链接

模块1　条形基础

课程引入：灰土作为建筑材料，在中国有着悠久历史，早在南北朝时期（公元 6 世纪），南京西善桥的南朝大墓封门前地面即是灰土夯成的，北京明代故宫也大量应用了灰土基础。灰土基础的优点是施工简便、造价较低，可就地取材，节省水泥、砖石等材料；缺点是抗冻性、耐水性差，在地下水位线以下或很潮湿的地基上不宜采用。

1. 分　类

条形基础包括柱下钢筋混凝土独立基础（图 2-2-1）和墙下钢筋混凝土条形基础（图 2-2-2）。

独立基础施工

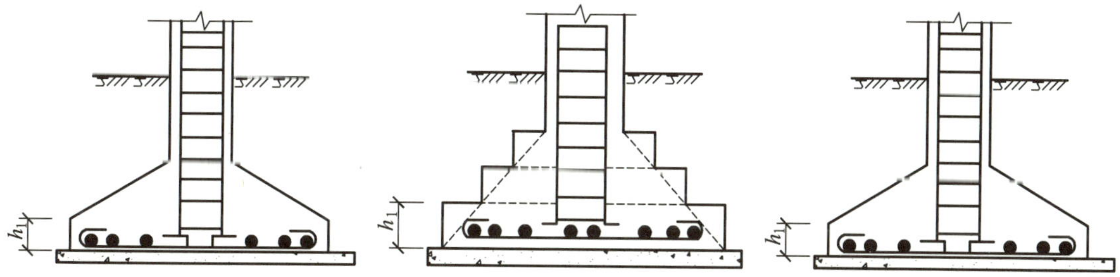

图 2-2-1　柱下钢筋混凝土独立基础

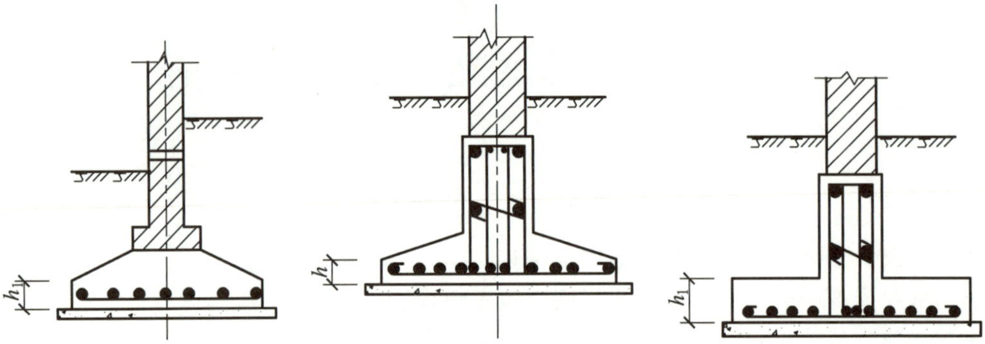

图 2-2-2　墙下钢筋混凝土条形基础

2. 施工要点

条形基础施工

（1）基坑（槽）进行验槽。

（2）垫层达到一定强度后，在其上弹线、支模、铺放钢筋网片。

（3）清除模板上的垃圾、泥土和钢筋上的油污，模板应浇水湿润。

（4）混凝土宜分层连续浇筑。阶梯形基础每一台阶高度内分层浇捣，每浇筑完一台阶应稍停 0.5 ~ 1 h，待其初步获得沉实后，再浇筑上层。

（5）锥形基础的斜面部分模板应随混凝土的浇捣分段支设且顶压紧。

（6）基础上有插筋时，要加以固定，保证插筋位置正确。混凝土浇筑完毕后，外露表面应覆盖浇水养护。

3. 特点及适用范围

条形基础的抗弯和抗剪性能良好，可在竖向荷载较大、地基承载力不高，以及承受水平力和力矩荷载等情况下使用。因高度不受台阶宽高比的限制，故适宜于需要“宽基浅埋”的基础。

拓展笔记

1. 分　类

杯形基础常用作钢筋混凝土预制柱基础，基础中先预留凹槽（杯口），然后插入预制柱，临时固定后，即在四周空隙中灌入细石混凝土。其形式一般有单杯口基础、双杯口基础和高杯基础等（图 2-2-3）。

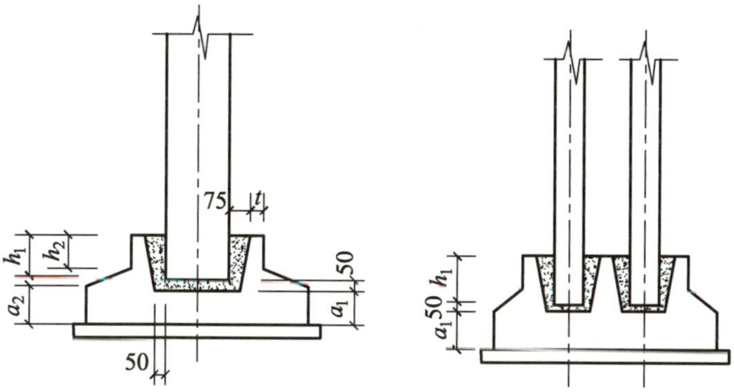

（a）单杯口基础　（b）双杯口基础　（c）高杯口基础

图 2-2-3　杯形基础形式及构造示意图（单位：mm）

2. 施工要点

（1）混凝土应按台阶分层浇筑。

（2）杯口模板可做成两半的定型工具式模板，中间各加一块楔形板。

（3）在浇筑混凝土时，应注意四侧要对称均匀进行。

（4）先浇筑杯底混凝土并振实。待其沉实后，再浇筑杯口四周。浇捣完毕后，在混凝土初凝后终凝前将杯口模板取出，凿毛杯口内侧混凝土。

（5）高杯口基础施工时，可采用后安装杯口模板的方法施工。

拓展笔记

模块 3　筏形基础

筏板基础

1. 分　类

筏形基础由钢筋混凝土底板、梁等组成，适用于地基承载力较低而上部结构荷载很大的场合，分为梁板式和平板式两类（图 2-2-4）。

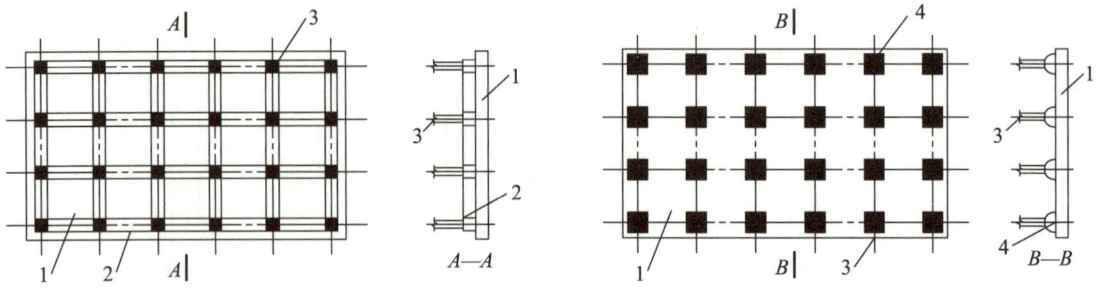

（a）梁板式　　（b）平板式

1—筏板；2—基础梁；3—柱；4—大放脚。

图 2-2-4　筏形基础

2. 施工要点

（1）当地下水位较高时，采用人工降低地下水位至基坑底不少于 500 mm 时进行基坑开挖和基础施工。

（2）可以先在垫层上绑扎底板、梁的钢筋和柱子的锚固插筋，浇筑底板混凝土，待达到25%设计强度后，再继续浇筑完梁部分混凝土；还可以板和梁模板一次支设，混凝土一次连续浇筑完成，梁侧模板采用支架支承并固定牢固。

（3）混凝土浇筑留设施工缝，应设置止水带。

3. 特点及适用范围

筏形基础的特点是整体刚度好，能够很好地抵御地基的不均匀沉降，造价相对较高；适用于高层框架、框剪、剪力墙等结构中。

拓展笔记

模块 4　箱形基础

1. 适用范围

箱形基础适合作为软弱地基上的面积较小、平面形式简单、上部结构荷载大且分布不均匀的高层建筑的基础和对沉降有严格要求的设备基础或特种构筑物基础（图 2-2-5）。

箱形基础

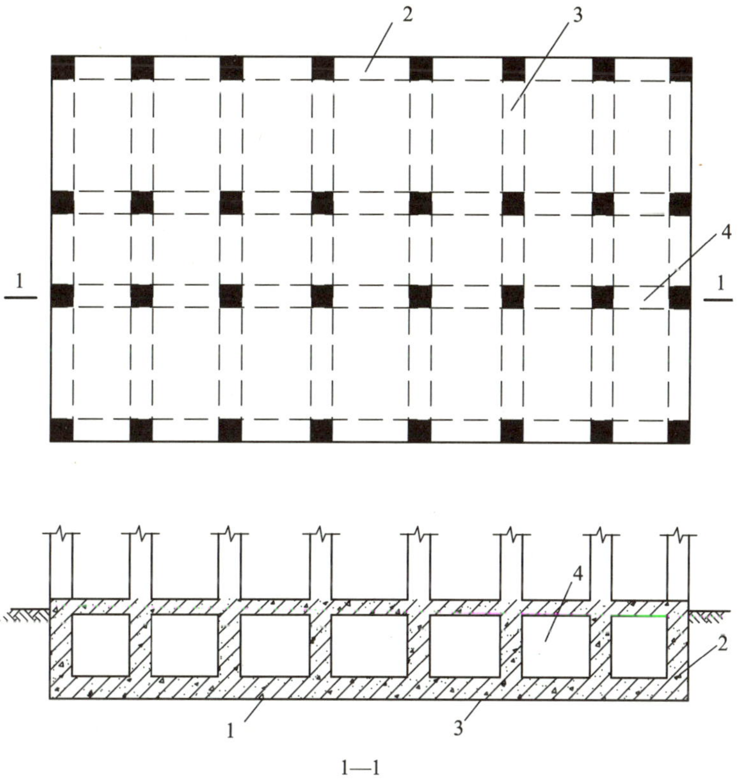

1—底板；2—外墙；3—内横墙；4—内纵墙。

图 2-2-5　箱形基础

2. 施工要点

（1）当地下水位较高时，采用人工降低地下水位至基坑底不少于 500 mm 时进行基坑开挖和基础施工。

（2）基础底板、内外墙和顶板的支模、钢筋绑扎和混凝土浇筑可分块进行，外墙施工缝处应设止水带。

（3）基础的底板、内外墙和顶板宜连续浇筑完毕。

（4）基础施工完毕，应立即进行基坑回填。

拓展笔记

新技术应用（新技术、新工艺、新材料、新设备）

跳仓法施工

1. 基础筏板跳仓法施工技术

“跳仓法”是施工阶段控制大体积混凝土裂缝的有效方法，采用“抗放兼施，先放后抗”原则，将大体积混凝土块体分成若干小块间隔施工。“先放”就是先减少约束使混凝土自由变形，减小早期温度收缩应力；“后抗”就是提高混凝土抗拉强度抵抗后期温度收缩应力。“跳仓法”是一项综合施工技术，需要多项技术措施结合才能有效控制裂缝。

2. 跳仓法施工实践应用

跳仓法施工案例

（1）采用跳仓法施工的裙房筏板基础，温度后浇带将裙房筏板分为 A、B、C 三大区，依据最大分块单向尺寸不宜大于 40 m 的规定及仓格计算结果，尽量将仓格尺寸控制在 40 m × 40 m，个别仓格尺寸可超过 40 m，但不能超过 45 m。最终将施工区域划分为 30 个仓，其中 A 区分为 10 个仓位（A1 ~ A10），B 区分为 10 个仓位（B1 ~ B10），C 区分为 10 个仓位（C1 ~ C10），如图 2-2-6（a）所示。每仓浇筑混凝土量不超过 1 500 m^3，采用 2 台泵浇筑 15 h 可实现连续浇筑，保证质量。

（2）混凝土浇筑可采用“分层浇筑、分层振捣、一个斜面、一次到顶”的推移浇筑法［图 2-2-6（b）］；通过合理的仓格划分、优化混凝土配合比、控制入模温度、加强混凝土养护等技术措施确保“跳仓法”实施效果，最终达到良好的裂缝控制效果。

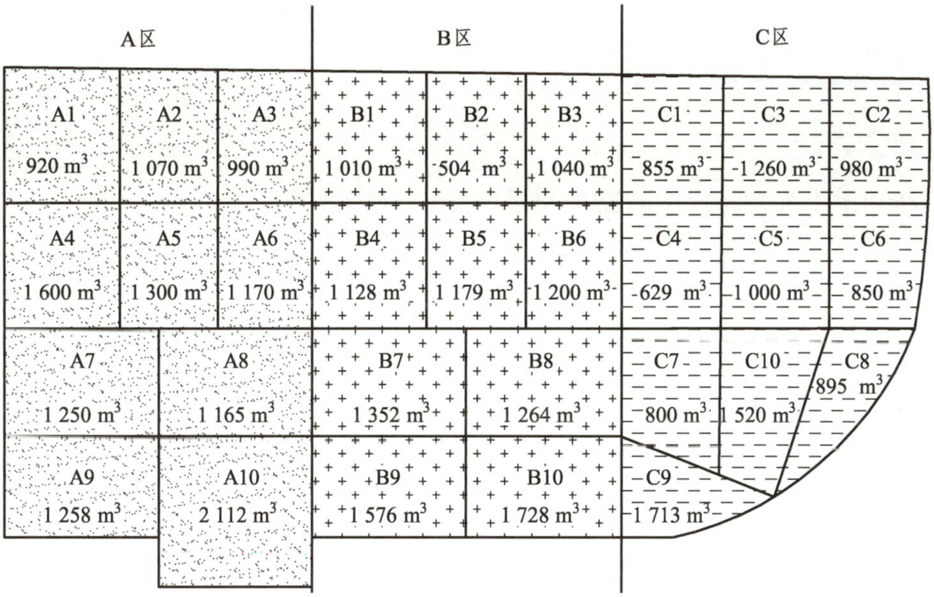

（a）仓格划分

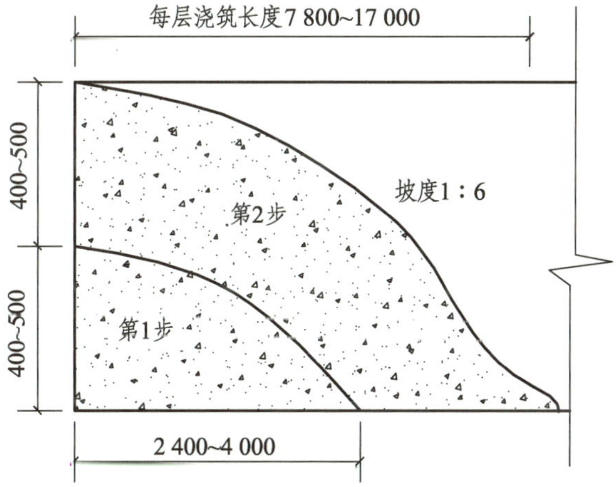

（b）分层浇筑

图 2-2-6　跳仓法施工（单位：mm）

拓展笔记

任务实施（理实一体化）

1. 单选题

（1）施工前，如果地下水位较高，可采用人工降低地下水位至基坑不少于（　　），以保证在无水情况下进行基坑开挖和基础施工。

A. 200 mm　　B. 500 mm　　C. 800 mm　　D. 1 000 mm

（2）条形基础施工时，应先进行（　　）。

A. 弹线　　B. 支模　　C. 铺放钢筋网片　　D. 验槽

（3）杯形基础常用作（　　）基础。

A. 钢筋混凝土预制柱　　B. 钢筋混凝土现浇柱

C. 上部结构荷载很大　　D. 高层建筑

2. 多选题

（1）常用的浅基础类型有（　　）。

A. 条形基础　　B. 杯形基础　　C. 筏形基础　　D. 箱形基础

（2）筏形基础分为（　　）。

A. 梁板式　　B. 平板式

C. 柱下钢筋混凝土独立基础　　D. 墙下钢筋混凝土条形基础

（3）条式基础分为（　　）。

A. 杯形基础　　B. 筏形基础

C. 柱下钢筋混凝土独立基础　　D. 墙下钢筋混凝土条形基础

3. 判断题

（1）筏式基础一般不留施工缝，必须留设时，要设止水带。（　　）

（2）箱形基础可以作为地下室。（　　）

（3）箱形基础的外墙接缝应设止水带。（　　）

（4）杯形基础的形式一般有单杯口基础、双杯口基础和高杯基础等。（　　）

4. 客观题

（1）完成虚拟仿真中“行走课堂”实训任务。

（2）总结条形基础施工工艺流程，并简要概述每个施工工序的注意事项。

5. 综合任务实施（理实一体化）

按照现有成套施工图，在教师的指导下分组编制完成一份现浇钢筋混凝土筏板基础施工方案（附页），施工方案应包含以下内容：① 编制依据、原则；② 工程概况；③ 总体布置及工期安排；④ 施工技术方案；⑤ 工期保证措施；⑥ 质量目标、保证体系及保证措施；⑦ 安全生产目标及保证措施；⑧ 季节性施工保证措施；⑨ 环境保护、文明施工。

任务3　桩基础施工

任务目标

- 掌握深基础（桩）的构造特点及适用范围；
- 掌握深基础（桩）的施工要点，并运用于施工现场管理；
- 掌握深基础（桩）工程施工的质量与安全要求，在施工中进行安全监督指导；
- 初步具备深基础（桩）工程施工方案编制的能力。

任务描述

当天然浅基础无法满足建筑物对地基变形和强度方面的要求时，可以利用下部坚硬的土层或岩层做持力层，即为深基础，目前最常用的为桩基础。施工技术管理人员应能根据设计图纸，组织实施桩基础的施工，并进行质量验收。按照现有成套施工图，请编制一份现浇钢筋混凝土灌注桩施工方案。

知识链接

模块1　桩基的组成、作用和分类

课程引入： 我国桩基础的应用历史悠久，是最古老的基础之一，在许多不同的历史时期，都可以找到采用桩基础的房屋。最早的桩基础距今已有 7 000 多年历史，发现于浙江余姚的河姆渡村。在那里，古代干阑式木结构建筑的桩基础由圆木桩、方木桩和板构成，是最早的桩的雏形。

1. 桩基的组成

桩基一般由桩和承台组成（图 2-3-1）。

桩基和承台施工

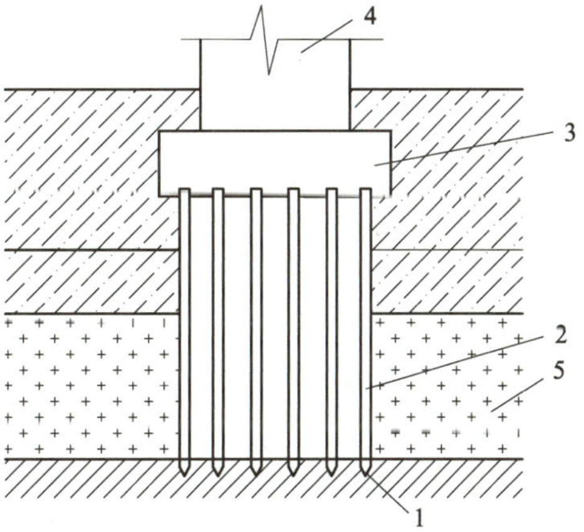

1—持力层；2—桩；3—承台；4—上部结构；5—软弱层。

图 2-3-1　桩基的组成

2. 各组成部分的作用

（1）桩的作用：桩将上部建筑物的荷载传递到深处承载力较大的土层上；提高土壤的承载力和密实度，保证建筑物的稳定性和减小地基沉降。

（2）承台的作用：将多根桩连成一体。

3. 分　类

（1）按承载性质分为：摩擦型桩和端承型桩。

① 摩擦型桩：摩擦型桩又可分为摩擦桩和端承摩擦桩。

② 端承型桩：端承型桩又可分为端承桩和摩擦端承桩。

（2）按使用功能分为：竖向抗压桩、竖向抗拔桩、水平受荷载桩、复合受荷载桩。

（3）按桩身材料分为：混凝土桩、钢桩、组合材料桩。

（4）按成桩方法分为：非挤土桩、部分挤土桩、挤土桩。

（5）按桩制作工艺分为：预制桩和现场灌注桩。

4. 特点及适用范围

桩基础属于深基础，适用于各种软弱地基。

拓展笔记

模块 2　静力压桩施工工艺

1. 原理及特点

原理：在软土地基上采用压桩机通过无振动的静压力将预制桩压入土中。

特点：施工无噪声、无振动，节约材料，降低成本，提高施工质量，沉桩速度快。

2. 压桩机械设备

压桩机械设备可分为机械静力压桩机和液压静力压桩机。

静力压桩

3. 压桩工艺

（1）施工程序

测量定位→桩机就位→吊桩插桩→桩身对中调直→静压沉桩→接桩→再静压沉桩→终止压桩→切割桩头。

（2）压桩方法

桩机利用自身起重机将预制桩吊入夹持器中，夹持油缸将桩从侧面夹紧，压桩油缸作伸程动作，把桩压入土层中。

（3）桩拼接的方法

① 浆锚接头。

② 焊接接头。

③ 法兰连接。

4. 压桩施工要点

（1）压桩应连续进行，停歇时间不宜过长。

（2）压桩的终压控制：摩擦桩终压时以设计桩长为控制条件；长度大于 21 m 的端承摩擦型静压桩，应以设计桩长控制为主，终压力值作对照；14 ~ 21 m 静压桩以终压力达满载值为终压控制条件；对桩周围土质较差且设计承载力较高的，宜复压 1 ~ 2 次为佳，对长度小于 14 m 的桩，宜连续多次复压，特别对长度小于 8 m 的短桩，连续复压的次数应适当增加。

（3）静力压桩单桩竖向承载力，可通过桩的终止压力值大致判断。

拓展笔记

1. 分　类

现浇混凝土桩按其成孔方法不同，可分为钻孔灌注桩、沉管灌注桩、人工挖孔灌注桩等。

2. 钻孔灌注桩

钻孔灌注桩是指利用钻孔机械钻出桩孔，并在孔中浇筑混凝土（或先在孔中吊放钢筋笼）而成的桩。

根据钻孔机械的钻头是否在土壤的含水层中施工，又分为泥浆护壁成孔和干作业成孔两种施工方法。

钻孔灌注桩
施工工艺

（1）泥浆护壁成孔灌注桩

① 施工设备

冲击钻、冲抓钻、回转钻及潜水钻机等。

② 施工要点

- 施工准备：测量放线、机具人员准备。
- 设备就位成孔：钻孔中应始终保持泥浆液面高于地下水位 1.0 m 以上，防止塌孔、偏位等。
- 清孔：钻孔深度达到设计要求后，必须进行清孔。
- 钢筋笼安装：清孔完毕后，应立即吊放钢筋笼。
- 混凝土浇筑：水下浇筑混凝土通常采用导管法施工。

③ 质量要求

- 护筒中心与桩中心偏差≤50 mm。黏土中，护筒埋深≥1 m；砂土中，护筒埋深≥1.5 m。
- 泥浆比重：黏土和亚黏土应控制在 1.1 ~ 1.2，较厚夹砂层应控制在 1.1 ~ 1.3，穿过砂夹卵石层或易于坍孔的土层中应控制在 1.3 ~ 1.5。
- 端承桩沉渣厚度≤50 mm，摩擦桩沉渣厚度≤150 mm。
- 水下浇筑混凝土导管应埋入混凝土中 0.8 ~ 1.3 m。

（2）干作业成孔灌注桩

① 施工设备

螺旋钻机、旋挖机、机动或人工洛阳铲等。

② 施工要点

施工准备：钻孔场地必须平整、碾压或夯实。

钻机就位：钻机按桩位就位时，钻杆要垂直对准桩位中心，放下钻机使钻头触及土面。

钻孔：钻孔应先慢后快，避免钻杆摇晃，并随时检查钻孔偏移，有问题应及时纠正。

清孔：钻孔至要求深度后，可用钻机在原处空转清土，并用辅助掏土工具或二次投钻清底。

浇筑混凝土：桩孔清孔后，先吊放钢筋笼并及时浇筑混凝土；从成孔至混凝土浇筑的时间间隔，不得超过 24 h。混凝土应连续浇筑，分层捣实；当混凝土浇筑到桩顶时，应适当超过桩顶标高，以保证在凿除浮浆层后，桩顶标高和质量能符合设计要求。

③ 质量要求

- 垂直度容许偏差≤1%。
- 孔底虚土容许厚度≤100 mm。
- 桩位允许偏差：单桩、条形桩基沿垂直轴线方向和群桩基础边沿的偏差是 1/6 桩径；条形桩基沿顺轴方向和群桩基础中间桩的偏差为 1/4 桩径。

④ 施工中常见问题及防治措施

孔壁坍塌：钻孔过程中，如发现排出的泥浆中不断出现气泡，或泥浆突然漏失，这表示有孔壁坍塌现象。防治措施：此时应保持孔内水位并加大泥浆比重以稳定钻孔的护壁。如坍塌严重，应立即回填黏土，待孔壁稳定后再钻。

钻孔偏斜：钻杆不垂直，钻头导向部分太短、导向性差，土质软硬不一，或者遇上孤石等，都会引起钻孔偏斜。防治措施：钻孔偏斜时，可提起钻头，上下反复扫钻几次削去硬土；或在孔中回填黏土至偏孔处 0.5 m 以上重新钻进。

孔底虚土：施工时，孔底虚土较规范多时会影响承载力，必须进行清除。防治措施：常用的治理虚土的方法是用 20 kg 铁饼人工夯实。

断桩：水下灌注混凝土桩的质量除混凝土本身质量外，是否断桩是鉴定其质量的关键。防治措施：力争首批混凝土浇灌一次成功；分析地质情况，研究解决对策；严格控制现场混凝土配合比。

3. 沉管灌注桩

沉管灌注桩是利用锤击打桩法或振动打桩法，将带有活瓣式桩靴或预制钢筋混凝土桩尖的钢管沉入土中，然后边浇筑混凝土（或先在管内放入钢筋笼）边锤击或振动拔管而成。前者称为锤击沉管灌注桩，后者称为振动沉管灌注桩。

① 施工方法

沉管：安装好桩机后将桩管下端活瓣合起来，对准桩位徐徐压入土中，即可开动激振器沉管。

浇筑混凝土：当桩管下沉到设计要求的深度后，便停止振动，用吊斗向管内灌满混凝土，并再次开动激振器，并边振动边拔管，在拔管过程中继续向管内浇筑混凝土。如此反复进行至桩管全部拔出地面后即形成混凝土桩身。振动灌注桩可采用单振法、反插法或复振法施工。

单振法：在沉入土中的桩管内灌满混凝土，开动激振器 5 ~ 10 s，开始拔管，边振边拔。每拔 0.5 ~ 1.0 m，停拔振动 5 ~ 10 s，如此反复，直到桩管全部拔出。

反插法：在桩管内灌满混凝土后，先振动再开始拔管。每次拔管高度 0.5 ~ 1.0 m，向下反插深度 0.3 ~ 0.5 m。如此反复进行直至桩管全部拔出地面。反插法能扩大桩的截面，从而提高了桩的承载力，但混凝土耗用量较大，一般适用于饱和软土层。

复振法：施工方法及要求与锤击沉管灌注桩的复打法相同。

② 质量要求

- 振动沉管灌注桩的混凝土强度等级不宜低于 C15；混凝土坍落度，在有筋时宜为 80 ~ 100 mm，无筋时宜为 60 ~ 80 mm；骨料粒径不得大于 30 mm。

- 在拔管过程中，桩管内应随时保持有不少于 2 m 高度的混凝土，以便有足够的压力，防止混凝土在管内的阻塞。
- 振动沉管灌注桩的中心距不宜小于 4 倍桩管外径，否则应采取跳打。相邻的桩施工时，间隔时间不得超过混凝土的初凝时间。
- 为保证桩的承载力要求，必须严格控制最后 2 个 2 min 的沉管贯入度，其值按设计要求或根据试桩和当地长期的施工经验确定。
- 桩位允许偏差：群桩不大于 $0.5d$（d 为桩管外径）；对于两个桩组成的基础，在两个桩的连线方向上偏差不大于 $0.5d$，垂直此线的方向上则不大于 $1/6d$；墙基由单桩支承的，平行墙的方向偏差不大于 $0.5d$，垂直墙的方向不大于 $1/6d$。

③ 施工中常见问题及处理

- 断桩：一般发生在地面以下软硬土层的交接处，并多数发生在黏性土中，砂土及松土中则很少出现。

产生断桩的主要原因：桩距过小，受邻桩施打时挤压的影响；桩身混凝土终凝不久就受到振动和外力；软硬土层间传递水平力大小不同，对桩产生剪应力等。

处理方法：经检查有断桩后，应将断桩段拔去，略增大桩的截面面积或加箍筋后，再重新浇筑混凝土；施工中控制桩中心距不小于 3.5 倍桩径；采用跳打法或控制时间间隔的方法，使邻桩混凝土达设计强度等级的 50%后，再施打中间桩等。

- 瓶颈桩：指桩的某处直径缩小形似“瓶颈”，其截面面积不符合设计要求。

产生瓶颈桩的主要原因：含水率较大的软弱土层中土受挤压产生很高的孔隙水压，拔管后便挤向新灌的混凝土，造成缩颈；拔管速度过快，混凝土量少、和易性差，混凝土出管扩散性差也造成缩颈现象。

处理方法：施工中应保持管内混凝土略高于地面，使之有足够的扩散压力；拔管时采用复打或反插办法；严格控制拔管速度。

- 吊脚桩：指桩的底部混凝土隔空或混进泥砂而形成松散层部分的桩。

产生的主要原因：预制钢筋混凝土桩尖承载力或钢活瓣桩尖刚度不够，沉管时被破坏或变形，因而水或泥砂进入桩管；拔管时桩靴未脱出或活瓣未张开，混凝土未及时从管内流出等。

处理方法：拔出桩管，填砂后重打；采取密振动慢拔，开始拔管时先反插几次再正常拔管等预防措施。

4. 人工挖孔灌注桩

人工挖孔灌注桩是桩孔采用人工挖掘方法进行成孔，然后安放钢筋笼，浇筑混凝土而成的桩。

① 施工特点

优点：设备简单，无噪声、无振动、不污染环境，对施工现场周围原有建筑物的影响小；施工速度快，各桩孔可同时施工；土层情况明确，可直接观察到地质变化，桩底沉渣能清除干净，施工质量可靠。

缺点：人工耗量大，开挖效率低，安全操作条件差等。

② 施工机具

根据孔径、孔深和现场具体情况加以选用。常用的施工机具有电动葫芦、提土桶、潜水泵、鼓风机和输风管、镐、锹、土筐、照明灯、对讲机及电铃等。

③ 施工工艺

- 按设计图纸放线、定桩位。
- 采取分段开挖桩孔土方，每段高度一般取 0.5 ~ 1.0 m 为一施工段。开挖范围为设计桩径加护壁的厚度。
- 支设护壁模板：模板高度取决于开挖土方施工段的高度，一般为 1 m，由 4 ~ 8 块活动模板组合而成，支成有锥度的内模。
- 内模支设后，吊放用角钢和钢板制成的两半圆形合成的操作平台置于内模顶部，以放置料具和浇筑混凝土操作之用。
- 浇筑护壁混凝土：护壁混凝土起着防止土壁塌陷与防水的双重作用。上下段护壁要错位搭接 50 ~ 75 mm 以便起连接上下段之用。
- 当护壁混凝土达到 1 MPa 时方可拆除模板，开挖下段的土方，并支模浇筑护壁混凝土，如此循环挖至设计深度。
- 当桩孔挖到设计深度，并检查孔底土质已达到设计要求后，再在孔底挖成扩大头。待桩孔全部成型后，排出孔底积水，然后立即浇筑混凝土。当混凝土浇筑至钢筋笼的底面设计标高时，再吊入钢筋笼就位，并继续浇筑桩身混凝土形成桩基。

拓展笔记

模块 4　桩基础的检测与验收

1. 方　法

桩基础的检验方法主要有两种，一种是静载试验法（或称破损试验），另一种是动测法（或称无破损试验）。

桩基的检测方法

2. 静载试验法

（1）试验目的

通过静载加压，确定单桩的极限承载力作为设计依据，或对工程桩的承载力进行抽样检验和评价。

（2）试验方法

静载试验模拟实际荷载情况，通过静载加压，得到一系列关系曲线，综合评定其容许承载力。静载试验有许多种，通常采用的是单桩竖向抗压静载试验、单桩竖向抗拔静载试验和单桩水平静载试验。

（3）试验要求

① 对于地基基础设计等级为甲级或地质条件复杂、成桩质量可靠性低的灌注桩，应采用静载荷试验的方法进行检验。检验桩数不应少于总数的 1%，且不应少于 3 根，当总桩数少于 50 根时，不应少于 2 根。桩身质量检验时，抽检数量不应少于总数的 30%，且不应少于 20 根。

② 其他桩基工程的抽检数量不应少于总数的 20%，且不应少于 10 根。

③ 对混凝土预制桩及地下水位以上且终孔后经过核验的灌注桩，检验数量不应少于总桩数的 10%，且不应少于 10 根；每根柱承台下不少于 1 根。

3. 动测法

（1）特点

动测法又称动力无损检测法。动测法的试验仪器轻便灵活，检测快速；单桩试验时间仅为静载试验的 1/50 左右，可大大缩短试验时间；数量多，不破坏桩基，相对准确，可进行普查；费用低，单桩测试费约为静载试验的 1/30，可节省静载试验锚桩、堆载、设备运输、吊装焊接等大量人力、物力。

（2）试验方法

试验前对桩土体系进行适当的简化处理，建立起数学-力学模型，借助于现代电子技术与量测设备采集桩-土体系在给定的动荷载作用下所产生的振动参数，结合实际桩土条件进行计算，所得结果与相应的静载试验结果进行对比。

（3）桩身质量检验

在桩基动态无损检测中，国内外广泛使用的方法是应力波反射法，又称低（小）应变法。

4. 桩基验收规定

（1）当桩顶设计标高与施工场地标高相同时，桩基工程的验收应在桩基施工结束后进行。

（2）当桩顶设计标高低于施工场地标高，送桩后无法对桩位进行检查时，对打入桩可在每根桩桩顶沉至场地标高时，进行中间验收，待全部桩施工结束，再做最终验收。

（3）对灌注桩可对护筒位置做中间验收。

5. 桩基验收资料

（1）工程地质勘察报告、桩基施工图、图纸会审纪要、设计变更及材料代用通知单等。
（2）经审定的施工组织设计、施工方案及变更。
（3）桩位测量放线图。
（4）制作桩的材料试验记录，成桩质量检查报告。
（5）单桩承载力检测报告。
（6）基坑挖至设计标高的基桩竣工平面图及桩顶标高图。

拓展笔记

新技术应用（新技术、新工艺、新材料、新设备）

CFG 桩

1. CFG 桩简介

CFG 桩施工

CFG（Cement Fly-ash Gravel）桩，意为水泥粉煤灰碎石桩。它是由碎石、石屑、砂、粉煤灰掺水泥加水拌和，用各种成桩机械制成的具有一定强度的可变强度桩。

CFG 桩是一种低强度混凝土桩，可充分利用桩间十的承载力共同作用，并可传递荷载到深层地基中去，具有较好的技术性能和经济效果。

2. 基本原理

黏结强度桩是复合地基的代表，多用于高层和超高层建筑中。CFG 桩是由水泥、粉煤灰、碎石、石屑或砂加水拌和形成的高黏结强度桩，和桩间土、褥垫层一起形成复合地基。

CFG 桩复合地基通过褥垫层与基础连接，无论桩端落在一般土层还是坚硬土层，均可保证桩间土始终参与工作。由于桩体的强度和模量比桩间土大，在荷载作用下，桩顶应力比桩间土表面应力大。桩可将承受的荷载向较深的土层中传递并相应增加了桩间土承担的荷载。

这样，由于桩的作用使复合地基承载力提高，变形减小，再加上 CFG 桩不配筋，桩体利用工业废料粉煤灰作为掺和料，大大降低了工程造价。

复合地基设计中，基础与桩和桩间土之间设置一定厚度由散体粒状材料组成的褥垫层，是复合地基的一个核心技术。基础下是否设置褥垫层，对复合地基受力影响很大。若不设置褥垫层，复合地基承载特性与桩基础相似，桩间土承载能力难以发挥，不能成为复合地基。基础下设置褥垫层，桩间土承载力的发挥就不单纯依赖于桩的沉降，即使桩端落在好土层上，也能保证荷载通过褥垫层作用到桩间土上，使桩土共同承担荷载。

拓展笔记

任务实施（理实一体化）

1. 单选题

（1）干作业成孔灌注桩浇筑混凝土时，应连续浇筑，分层捣实，每层高度不得大于（　　）。

A. 0.5 m　　B. 1.0 m　　C. 1.5 m　　D. 2.0 m

（2）泥浆护壁成孔灌注桩施工中，孔底沉渣必须设法清除，端承桩沉渣厚度不得大于（　　）。

A. 20 mm　　B. 30 mm　　C. 50 mm　　D. 100 mm

（3）桩尖进入持力层最小深度为（　　）。

A. 100 mm　　B. 200 mm　　C. 500 mm　　D. 1 000 mm

2. 多选题

（1）预制桩的沉桩方法有哪些？（　　）

A. 锤击法　　B. 静力压桩法　　C. 振动法　　D. 强夯法

（2）根据承载力的要求不同，锤击沉管灌注桩拔管的方法有哪些？（　　）

A. 单打法　　B. 复打法　　C. 反插法　　D. 倒打法

3. 判断题

（1）泥浆护壁成孔灌注桩的水下混凝土浇筑常用导管法。 （ ）

（2）打桩有“轻锤高击”和“重锤低击”两种方式。 （ ）

（3）预制桩的混凝土强度达到100%方可运输。 （ ）

（4）预制桩堆放时场地应平整、坚实，重叠堆放时，不宜超过四层，垫木应上下对齐。 （ ）

4. 客观题

（1）完成虚拟仿真中“行走课堂”实训任务。

（2）总结混凝土灌注桩质量问题，并给出预防和处理方法。

5. 综合任务实施（理实一体化）

按照现有成套施工图，在教师的指导下分组编制完成一份现浇钢筋混凝土人工灌注桩基础施工方案（附页），施工方案应包含以下内容：① 编制依据、原则；② 工程概况；③ 总体布置及工期安排；④ 施工技术方案；⑤ 工期保证措施；⑥ 质量目标、保证体系及保证措施；⑦ 安全生产目标及保证措施；⑧ 季节性施工保证措施；⑨ 环境保护、文明施工。

评价反馈

<table>
<tr><td>项目</td><td colspan="2">项目要求</td><td>自评得分</td><td>小组得分</td></tr>
<tr><td rowspan="5">素养
（20 分）</td><td rowspan="3">纪律情况
（10 分）</td><td>不迟到、不早退</td><td></td><td rowspan="5"></td></tr>
<tr><td>遵守课堂纪律</td><td></td></tr>
<tr><td>积极思考回答问题</td><td></td></tr>
<tr><td rowspan="2">职业道德
（10 分）</td><td>团队合作</td><td></td></tr>
<tr><td>精益求精</td><td></td></tr>
<tr><td rowspan="3">核心技术
（60 分）</td><td rowspan="2">施工要点
（20 分）</td><td>能描述施工要点</td><td></td><td rowspan="3"></td></tr>
<tr><td>能完成施工相关题目</td><td></td></tr>
<tr><td>施工方案
（40 分）</td><td>能编制施工方案</td><td></td></tr>
<tr><td rowspan="4">工作页完成情况
（20 分）</td><td colspan="2">笔记重难点突出</td><td></td><td rowspan="4"></td></tr>
<tr><td colspan="2">任务实施部分完成度</td><td></td></tr>
<tr><td colspan="2">客观题回答精准</td><td></td></tr>
<tr><td colspan="2">施工方案编写规范</td><td></td></tr>
<tr><td colspan="3">教师评价（100 分）</td><td colspan="2"></td></tr>
<tr><td>个人评价小结及反馈</td><td colspan="4">

年　　月　　日</td></tr>
<tr><td>学生</td><td></td><td>教师</td><td colspan="2"></td></tr>
</table>

项目 3 砌筑工程施工

学习目标

通过本项目的学习，掌握砌筑工程中所用的脚手架和垂直运输设施的构造和要求；掌握砌体工程施工的准备工作、内容和要求；掌握砖砌体、中小型砌块砌体的施工方法和施工工艺；掌握砌筑工程的质量要求及安全防护措施；能编制砌体工程施工方案。

学习重点

1. 砖砌体、中小型砌块砌体的施工方法和施工工艺；
2. 砌筑工程的质量要求及安全防护措施；
3. 砌体工程施工方案。

学习难点

1. 砖砌体、中小型砌块砌体的施工方法和施工工艺；
2. 编制常见的砌体工程施工方案。

任务 1　脚手架及垂直运输设施

任务目标

- 掌握脚手架及垂直运输设施的构造；
- 掌握脚手架及垂直运输设施的要求；
- 掌握每种脚手架的适用范围。

任务描述

脚手架是为了保证各施工过程顺利进行而搭设的工作平台。垂直运输设施是指担负垂直运送材料和施工人员上下的机械设备和设施。在砌筑工程中，它不仅要运输大量的砖（或砌块）、砂浆，而且还要运输脚手架、脚手板和各种预制构件。按照现有成套施工图，请编制一份常见脚手架使用方案。

知识链接

模块 1　脚手架

课程引入：砌筑用脚手架是墙体砌筑过程中堆放材料和工人进行操作的临时设施。工人在地面或楼面上砌筑砖墙时，劳动生产率受砌砖的砌筑高度影响。在距地面 0.6 m 左右时生产效率最高，砌筑到一定高度，必须按要求搭设脚手架。考虑砌砖工作效率及施工组织等影响，每次搭设脚手架的每步高度一般为 1.2 ~ 1.4 m，脚手架宽度一般为 1.0 ~ 1.5 m。

1. 外脚手架

脚手架作业安全施工

（1）扣件式钢管脚手架

扣件式钢管脚手架主要由钢管和扣件组成。

① 钢管。一般均采用外径 48.3 mm、壁厚 3.6 mm 的钢管，立杆、纵向水平杆、斜杆的钢管长度为 4 ~ 6.5 m，横向水平杆的钢管长度为 2.1 ~ 2.3 m。

② 扣件。扣件用于钢管之间的连接，基本形式有三种，如图 3-1-1 所示。对接扣件用于两根钢管的对接连接；旋转扣件用于两根钢管呈任意角度交叉的连接；直角扣件用于两根钢管呈垂直交叉的连接。

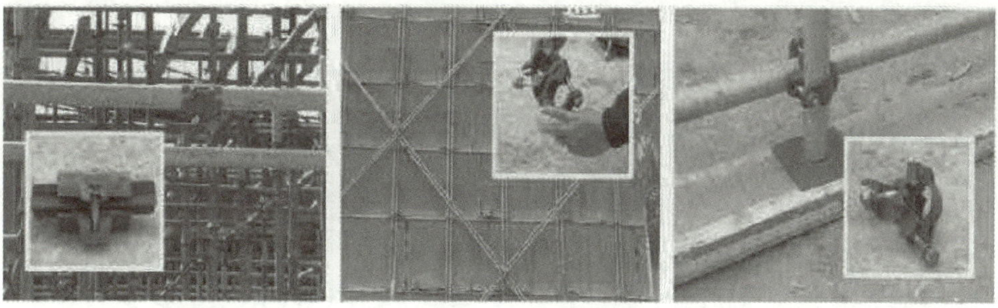

（a）对接扣件　　（b）旋转扣件　　（c）直角扣件

图 3-1-1　扣件形式

③ 脚手板。脚手板可采用钢、木、竹等材料制作，如图 3-1-2 所示。木脚手板采用杉木或松木制作，厚度不应小于 50 mm，板长度为 3 ~ 6 m，宽度为 200 ~ 250 mm。冲压钢脚手板由厚度为 2 mm 的钢板压制而成，每块板宽 250 mm、长 2 ~ 4 m，表面有防滑措施。竹脚手板采用毛竹或楠竹制作。

（a）钢脚手板　　（b）木脚手板　　（c）竹脚手板

图 3-1-2　脚手板形式

④ 安全网。用来防止人、物坠落或用来避免、减轻坠落及物击伤害的网具，分为平网和立网两类，如图 3-1-3 所示。

（a）安全立网　　（b）安全平网

图 3-1-3　安全网形式

扣件式钢管脚手架搭设工艺流程：夯实平整场地→材料准备→设置垫板与底座→纵向扫地杆→搭设立杆→横向扫地杆→搭设纵向水平杆→搭设横向水平杆→搭设剪刀撑→固定连墙杆→搭设防护栏杆→铺设脚手板→绑扎安全网。

（2）碗扣式钢管脚手架

碗扣式钢管脚手架立杆靠特制的碗扣接头连接，如图 3-1-4 所示。

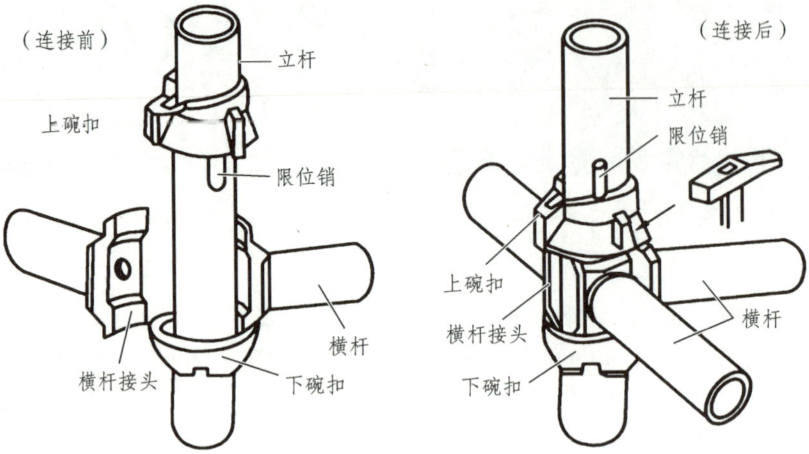

图 3-1-4　碗扣脚手架接头构造

（3）门式（框式）脚手架

门式脚手架又称框式脚手架，是一种工厂生产、现场搭设的脚手架，是目前国际上应用最普遍的脚手架类型之一。门式脚手架由门式框架、剪刀撑、水平梁架、螺旋基脚组成基本单元，如图 3-1-5（a）所示。将基本单元连接起来（增加梯子、栏杆及脚手板等部件）即构成整片脚手架，如图 3-1-5（b）所示。

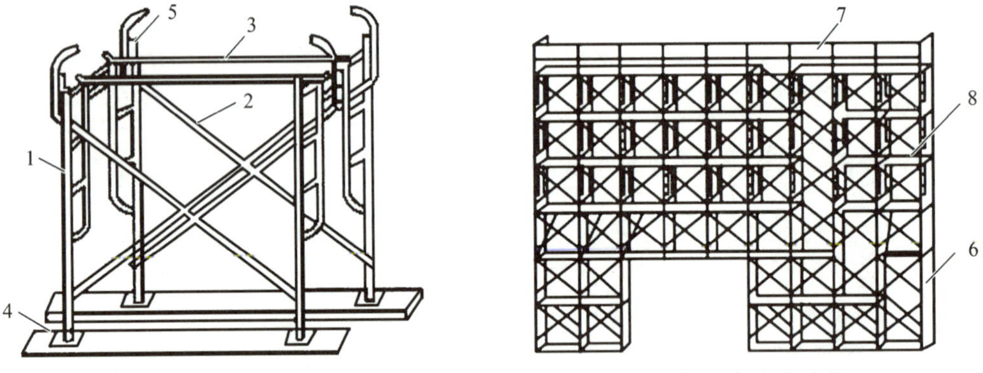

（a）基本单元　　（b）门式外脚手架

1—门式框架；2—剪刀撑；3—水平梁架；4—螺旋基脚；
5—连接器；6—梯子；7—栏杆；8—脚手板。

图 3-1-5　门式钢管脚手架

（4）钢梁悬挑脚手架

钢梁悬挑脚手架主要构配件有悬挑梁、钢管、扣件、脚手板、安全网等，如图 3-1-6 所示。钢梁悬挑脚手架主要由安全网、悬挑梁（工字钢、槽钢）和钢管扣件组成，一次悬挑脚手架高度不宜超过 20 m，如图 3-1-7 所示。

图 3-1-6 钢梁悬挑脚手架

图 3-1-7 钢梁悬挑脚手架构件

（5）其他脚手架

① 升降式脚手架

升降式脚手架简称爬架，如图 3-1-8 所示。

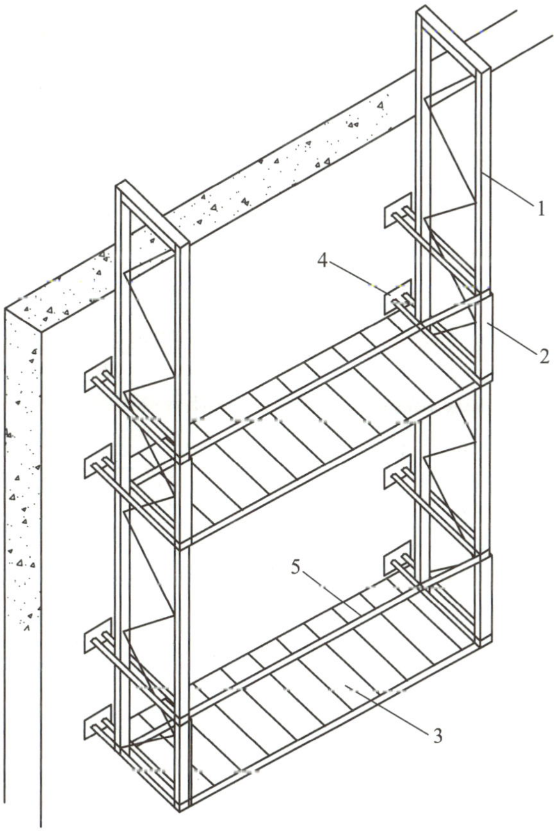

1—内套架；2—外套架；3—脚手板；4—附墙装置；5—栏杆。

图 3-1-8 升降式脚手架

② 吊挂式脚手架

吊挂式脚手架，如图 3-1-9 所示，在主体结构施工阶段为外挂脚手架，随主体结构逐层向上施工，用塔吊吊升，悬挂在结构上。

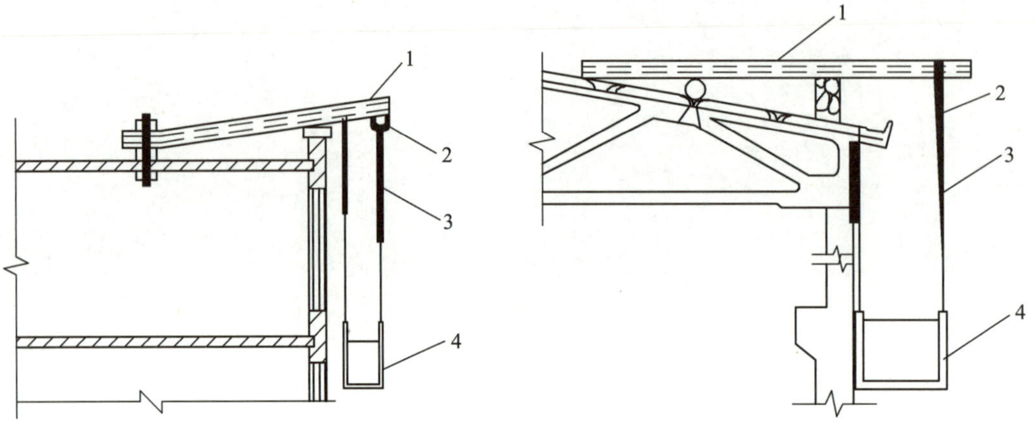

（a）在平屋顶的安装　　（b）在坡屋顶的安装

1—挑梁；2—吊环；3—吊索；4—吊篮。

图 3-1-9　吊挂式脚手架

2. 里脚手架

（1）折叠式里脚手架

折叠式里脚手架适用于民用建筑的内墙砌筑和内粉刷，根据材料不同可分为角钢、钢管和钢筋折叠式里脚手架，如图 3-1-10 所示。

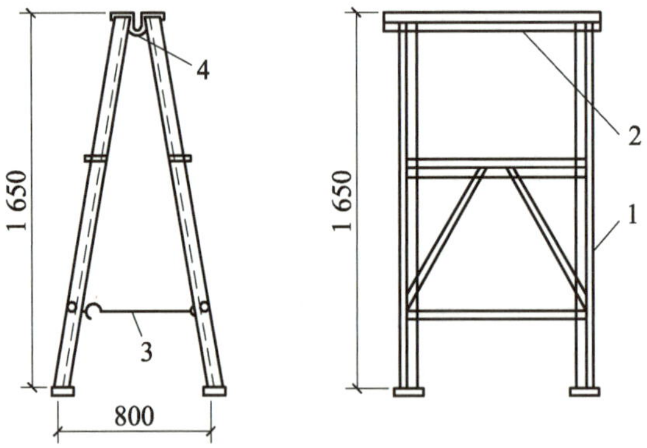

1—立柱；2—横楞；3—挂钩；4—铰链。

图 3-1-10　折叠式里脚手架（单位：mm）

（2）支柱式里脚手架

支柱式里脚手架由若干支柱和横杆组成，适用于砌墙和内粉刷，如图 3-1-11 所示。

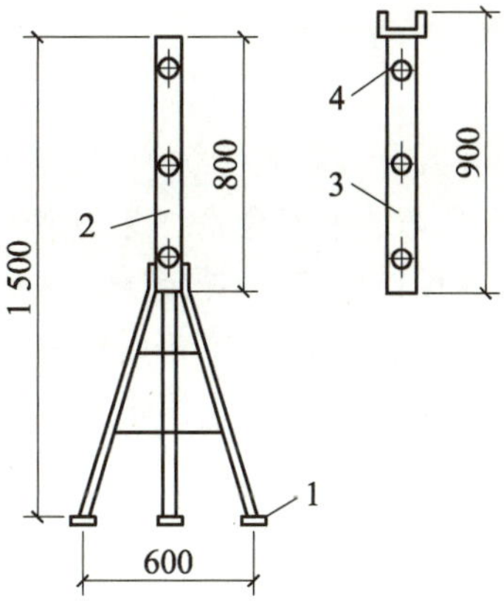

1—支脚；2—立管；3—插管；4—销孔。

图 3-1-11 支柱式里脚手架（单位：mm）

（3）门架式里脚手架

门架式里脚手架是由两片 A 形支架与门架组成，适用于砌墙和粉刷，如图 3-1-12 所示。

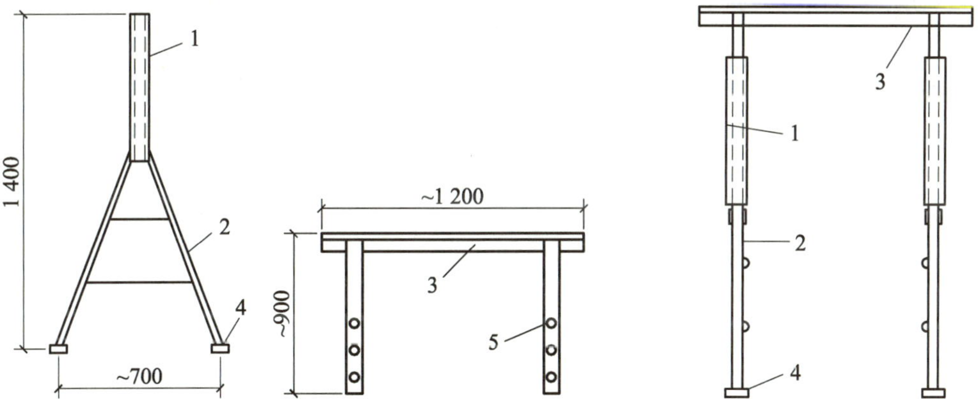

（a）形支架与门架　　（b）安装示意

1—立管；2—支脚；3—门架；4—垫板；5—销孔。

图 3-1-12 门架式里脚手架（单位：mm）

3. 脚手架的拆除与安全技术

（1）脚手架的拆除

① 脚手架拆除应按专项方案施工，拆除前应做好下列准备工作：应全面检查脚手架的扣件连接、连墙件、支撑体系等是否符合构造要求；应根据检查结果补充完善施工脚手架专项方案中的拆除顺序和措施，经审批后方可实施。

② 单、双排脚手架拆除作业必须由上而下逐层进行，严禁上下同时作业。连墙件必须随脚手架逐层拆除，严禁先将连墙件整层或数层拆除后再拆脚手架。

③ 当单、双排脚手架拆至下部最后一根长立杆的高度（约 6.5 m）时，应先在适当位置搭设临时抛撑加固后，再拆除连墙杆。当单、双排脚手架采取分段、分立面拆除时，对不拆除的脚手架两端，应先按相关规范规定设置连墙杆和横向支撑加固。

④ 不准将拆除的构配件从高空抛至地面。

（2）脚手架的安全技术

① 扣件钢管脚手架安装与拆除人员必须是经考核合格的专业架子工。架子工应持证上岗。

② 搭拆脚手架人员必须戴安全帽、系安全带、穿防滑鞋。

③ 作业层上的施工荷载应符合设计要求，不得超载。不得将模板支架、缆风绳、泵送混凝土和砂浆的输送管等固定在架体上。严禁悬挂起重设备，严禁拆除或移动架体上的安全防护设施。

④ 操作层脚手板应铺设牢靠、严实，并应用安全平网双层兜底，施工层以下每隔 10 m 应设安全平网封闭。

⑤ 单、双排脚手架、悬挑式脚手架沿墙体外围应用密目式安全网全封闭，密目式安全网宜设置在脚手架外立杆的内侧，并应与架体结扎牢固。

⑥ 在脚手架使用期间，严禁拆除下列杆件：主节点处的纵、横向水平杆，纵、横向扫地杆。

⑦ 临街搭设脚手架时，外侧应有防止坠物伤人的防护措施。

⑧ 在脚手架上进行电、气焊作业时，应有防火措施和专人看守。

⑨ 工地临时用电线路的架设及脚手架接地、避雷措施等，应按现行行业标准的有关规定执行。

⑩ 脚手架与支模架要分开搭设，不能将两者混搭在一起，脚手架不能当支模架使用。

拓展笔记

模块 2　垂直运输设施

1. 概　念

垂直运输设施是指在建筑施工中担负垂直输送材料和施工人员上下的机械设备和设施。在砌筑施工过程中，各种材料（砖、砂浆）、工具（脚手架、脚手板）及各层楼板安装时，垂直运输量较大，都需要用垂直运输机具来完成。目前，砌筑工程中常用的垂直运输设施有塔式起重机、井架、龙门架、施工电梯、灰浆泵等。

2. 塔式起重机

塔式起重机，如图 3-1-13 所示，具有提升、回转、水平运输等功能，不仅是重要的吊装设备，而且也是重要的垂直运输设备，尤其在吊运长、大、重的物料时有明显的优势，故在可能条件下宜优先选用。

图 3-1-13　塔式起重机

3. 井架、龙门架

井架是施工中最常用的，也是最为简便的垂直运输设施，如图 3-1-14 所示。井架的特点是稳定性好，运输量大，施工现场一般使用型钢或钢管加工的定型井架。井架多为单孔井架，但也可构成两孔或多孔井架。

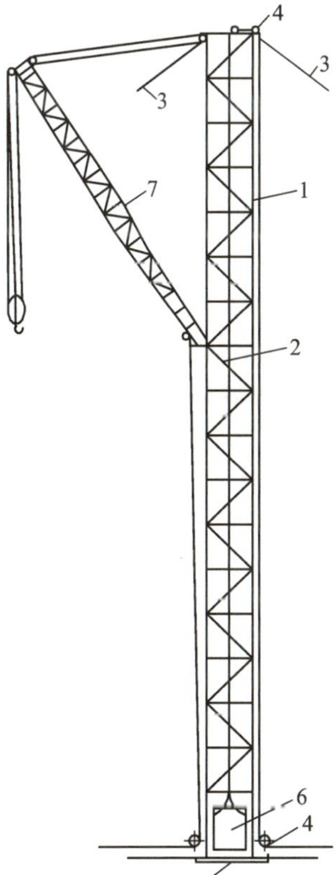

1—井架；2—钢丝绳；3—缆绳；4—滑轮；5—垫梁；6—吊盘；7—辅助吊臂。

图 3-1-14　井架

龙门架是由两根立柱及天轮梁（横梁）构成。龙门架设有滑轮、导轨、吊盘、安装装置以及重索、缆风绳等，其构造如图 3-1-15 所示。龙门架可进行材料、机具和小型预制构件的垂直运输，适用于中小型工程。

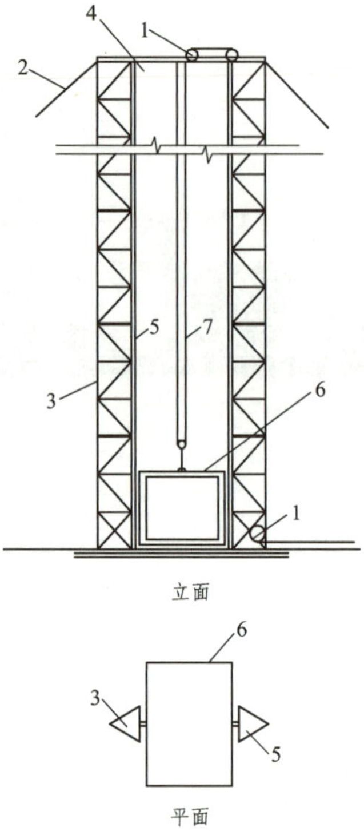

1—滑轮；2—缆绳；3—立柱；4—横梁；5—导轨；6—吊盘；7—钢丝绳。

图 3-1-15　龙门架

4. 施工电梯

多数施工电梯为人货两用，少数为仅供货用。

5. 灰浆泵

灰浆泵是一种可以在垂直和水平两个方向连续输送灰浆的机械，目前常用的有活塞式和挤压式两种。

拓展笔记

新技术应用（新技术、新工艺、新材料、新设备）

盘扣式脚手架主要特点

1. 多功能

根据具体的施工要求，能利用构件组装成不同模数的支架设施供不同施工情况使用，且可做曲线布置。盘扣式脚手架可与可调下底托、可调上托、挑梁、挑架等配件配合使用，配合其他类别的脚手架实现功能多样性。

利用其多功能性可在不平整场地搭设；可支撑复杂造型模板；可用于早拆体系，实现部分支撑架早起拆除；可用于搭设通行道、挑檐飞翼；可配合搭设爬架、活动工作台、外排架等，实现各种功能的支护作用；可作为仓储货架，可用于搭设各种舞台，广告工程支架等。

盘扣式钢管脚手架施工工艺

其立杆的顶部预留有 100 mm，底部预留有 400 mm，与盘扣式脚手架的圆盘间距一样，保证了所有产品规格都通用。这样每次搭接后的对接长度都是 500 cm，在安全范围内，立杆可无限接高，为应对不同施工情况提供了便利条件。

2. 构件少

如图 3-1-16 所示，盘扣式脚手架由立杆、横杆、斜拉杆这三类构件组成，其构件都在工厂内制作完成，配件少避免了传统脚手架活动配件易丢失的问题，减少了这类材料的使用损失。此外，盘扣式脚手架扣接利用自锁式插销，没有活动锁紧件，避免了传统脚手架因活动锁紧件而造成的安全隐患。

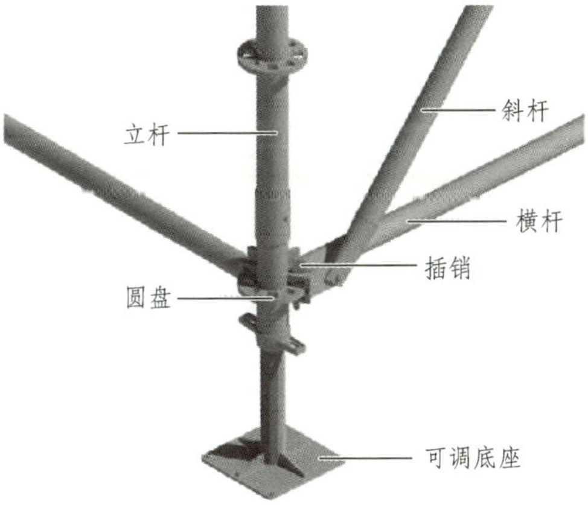

图 3-1-16　盘扣式脚手架

3. 产品具有高度的经济性，使用更方便、更快捷

在搭设过程中，只需要把横杆两端插头插入立杆上相对应的圆盘孔中，锤击自锁即可，其统一的规格模数使搭设速度更快、作业简便，质量更有保证，相比扣件式脚手架等还需要用对接扣件连接、人工控制间距来说更快速高效、省时省力，提高了作业效率，减少了人工成本。

4. 承载能力大

立杆通过轴向传力，各杆件通过圆盘扣接交于一点，规整的架体模数使脚手架整体结构强度更高、稳定性更好，且立杆上的圆盘有可靠的轴向抗剪力，整体承载能力大。

5. 安全可靠

盘扣式脚手架采用自锁式连接板和插销，插销插紧后利用重量夹紧，即使未被敲紧插头也无法脱出，立杆与横杆轴心线的垂直交叉精度高，受力合理，整体刚度大，使其在受到水平和垂直力作用后不易变形。单根立杆承载力可达 50 kN，配合使用的钢栈道和梯架也更为安全牢固。

6. 综合效益好

盘扣式脚手架的构件更标准化，有利于施工和管理。配件不易丢失，且损耗低，后期投入少。

拓展笔记

任务实施（理实一体化）

1. 单选题

（1）以下哪个属于外脚手架？（　　）

A. 扣件式钢管脚手架　　B. 折叠式里脚手架

C. 支柱式里脚手架　　D. 门架式里脚手架

（2）扣件式钢管脚手架中用来防止人、物坠落或用来避免、减轻坠落及物击伤害的网具是（　　）。

A. 钢管　　B. 扣件

C. 脚手板　　D. 安全网

2. 多选题

（1）外脚手架有哪些？（　　）

A. 扣件式钢管脚手架　　B. 碗扣式钢管脚手架

C. 门式（框式）脚手架　　D. 钢梁悬挑脚手架

（2）垂直运输设施有哪些？（　　）

A. 塔式起重机　　B. 井架、龙门架

C. 施工电梯　　D. 灰浆泵

3. 判断题

（1）扣件式钢管脚手架主要由钢管和扣件组成。（　　）

（2）扣件式钢管脚手架脚手板只能采用钢材制作。（　　）

（3）门式脚手架又称框式脚手架，是一种工厂生产、现场搭设的脚手架。（　　）

（4）塔式起重机是施工中最常用的，也是最为简便的垂直运输设施。（　　）

4. 客观题

（1）完成虚拟仿真中“行走课堂”实训任务。

（2）总结不同类型外脚手架优缺点，分析新型外脚手架的发展趋势。

5. 综合任务实施（理实一体化）

按照现有成套施工图，在教师的指导下分组编制完成一份常用脚手架施工方案（附页）。

任务2　砌体施工的准备工作

任务目标

- 了解砂浆的强度等级；
- 掌握砂浆的制备；
- 掌握砖砌体施工前的准备工作。

任务描述

砂浆按制作方式不同可分为现场搅拌砂浆与预拌砂浆。为保证砌筑工程质量，大部分地方提倡使用预拌砂浆。按照现有成套施工图，请编制一份常见砌体施工准备工作方案。

知识链接

模块1　砂浆的制备

课程引入：砂浆是建筑中必不可缺的材料，起到黏结保护作用，是由一定比例的沙子和胶结材料（水泥、石灰膏、黏土等）加水合成，也叫灰浆，也作沙浆。常用的有水泥砂浆、混合砂浆（或叫水泥石灰砂浆）、石灰砂浆和黏土砂浆。

1. 预拌砂浆

预拌砂浆可分为湿拌砂浆和干混砂浆两类。

（1）湿拌砂浆

用水泥、细集料、外加剂和水等拌和而成，在搅拌站经计量、拌制后，采用运输车运至使用地点，放入专用容器储存，并在规定时间内用完。

（2）干混砂浆

用经干燥筛分处理的细集料与水泥以及根据性能确定的各种组分，按一定比例在专业生产厂混合而成，在使用地点按规定比例加水或配套液体拌和使用。干混砂浆也称干拌砂浆。

2. 现场搅拌砂浆

（1）水泥砂浆

用水泥、细集料、外加剂和水等拌和成的水泥砂浆具有较高的强度和耐久性，但和易性差，可用于砌筑潮湿环境和强度要求较高的砌体，例如基础一般采用水泥砂浆。

（2）水泥混合砂浆

在水泥砂浆中掺入一定数量石灰膏的水泥混合砂浆具有一定的强度和耐久性，且和易性和保水性好，其多用于一般墙体的砌筑。

（3）非水泥砂浆

不含有水泥的砂浆，如白灰砂浆、黏土砂浆等，强度低且耐久性差，可用于简易或临时建筑的砌筑。

3. 砂浆拌制和使用要求

砂浆的配合比应事先通过计算和试配确定。水泥砂浆的最小水泥用量不宜小于 200 kg/m^3。砂浆用砂宜用中砂，砂中的含泥量，对于水泥砂浆和强度等级不小于 M5 的水泥混合砂浆，不宜超过 5%；对于强度等级小于 M5 的水泥混合砂浆，不宜超过 10%。用建筑生石灰、生石灰粉熟化成石灰膏时，其熟化时间分别不得少于 7 d 和 2 d。为了改善砂浆在砌筑时的和易性，可掺入适量的有机塑化剂，其掺量一般为水泥用量的（0.5～1）/10 000。

砂浆应采用机械搅拌，自投完料算起，水泥砂浆和水泥混合砂浆的搅拌时间不得少于 2 min；水泥粉煤灰砂浆和掺用外加剂的砂浆不得少于 3 min；掺用有机塑化剂的砂浆为 3～5 min。拌成后的砂浆，其稠度应符合表 3-2-1 规定，分层度不应大于 30 mm，颜色一致。砂浆拌成后应盛入贮灰器中，如砂浆出现泌水现象，应在砌筑前再次拌和。砂浆应随拌随用，拌制的砂浆应在 3 h 内使用完毕。当施工期间最高气温超过 30 °C 时，应在 2 h 内使用完毕。

表 3-2-1　砌筑砂浆的稠度

砌体种类	砂浆稠度/mm
烧结普通砖砌体、蒸压粉煤灰砖砌体	70～90
混凝土实心砖、混凝土多孔砖砌体、普通混凝土小型空心砌块、蒸压灰砂砖砌体	50～70
烧结多孔砖、轻骨料小型空心砌块砌体、蒸压加气混凝土砌块砌体	60～80
石砌体	30～50

注：① 采用薄灰砌筑法砌筑蒸压加气混凝土砌块砌体时，加气混凝土黏结砂浆的加水量按照其产品说明书控制；
② 当砌筑其他块体时，其砌筑砂浆的稠度可根据块体吸水特性及气候条件确定。

砂浆强度等级是以边长为 7.07 cm 的立方体试块，在（20±2）°C 温度、相对湿度为 90% 以上的条件下养护至 28 d 的抗压强度确定。砌筑砂浆按抗压强度划分为 M30、M25、M20、M15、M10、M7.5 和 M5 七个强度等级。验收时，同一验收批砂浆试块强度平均值应大于或等于设计强度等级值的 1.1 倍；最小一组平均值应大于或等于设计强度等级值的 85%。砂架试块应在搅拌机出料口随机取样制作。每一检验批且不超过 250 m^3 砌体的各种类型及强度等级的砌筑砂浆，每台搅拌机应至少抽检一次。

拓展笔记

模块 2　砖的准备

砖的品种、强度等级必须符合设计要求，并应规格一致。用于清水墙、柱表面的砖，外观应尺寸准确、边角整齐、色泽均匀，无裂纹、掉角、缺棱和翘曲等现象。在砌砖前应提前 1～2 d 浇水湿润，以使砂浆和砖能很好地黏结。严禁砌筑前临时浇水，以免因砖表面存有水膜而影响砌体质量。烧结类块体的相对含水率为 60%～70%，吸水率较大的轻骨料混凝土小型空心砌块、蒸压加气混凝土砌块的相对含水率为 40%～50%。检查烧结普通砖含水率的最简易的方法是现场断砖，砖截面周围融水深度为 15～20 mm 即视为符合要求。

拓展笔记

模块 3　施工机具的准备

砌筑前，一般应按施工组织设计的要求组织垂直和水平运输机械、砂浆搅拌机械进场、安装、调试等工作。垂直运输可采用塔式起重机、井架、龙门架和人货两用的施工电梯，水平运输多采用手推车或机动翻斗车。对多高层建筑，还可以用灰浆泵输送砂浆。同时，还要准备脚手架、砌筑工具（如皮数杆、托线板）等。

拓展笔记

新技术应用（新技术、新工艺、新材料、新设备）

远程控制砂浆自动生产系统

远程控制砂浆自动生产系统运用大数据远程控制技术和全封闭式预拌砂浆生产工艺，以建筑垃圾骨料作为生产原料，解决了工地砂浆生产过程中建筑垃圾回收利用、施工扬尘处理和一键化服务三大课题。

这套系统属于环保＋节能＋智能型砂浆技术，具备节能环保、质量可控、成本可控、远程操控四项创新优势，可综合提升砂浆产业在生产、运输、经营等全领域的生态效益、社会效益和经济效益。

拓展笔记

任务实施（理实一体化）

1. 单选题

（1）为保证砌筑工程质量，现大部分地方提倡使用（　　）。

A. 现场搅拌砂浆　　B. 预拌砂浆

（2）砂浆用砂宜用（　　）。

A. 细砂　　B. 中砂　　C. 粗砂

（3）水泥砂浆的最小水泥用量不宜小于（　　）。

A. 200 kg/m^3　　B. 300 kg/m^3

C. 400 kg/m^3　　D. 500 kg/m^3

2. 多选题

（1）预拌砂浆可分为（　　）。

A. 现场搅拌砂浆　　B. 湿拌砂浆　　C. 干混砂浆

（2）现场搅拌砂浆可分为（　　）。

A. 水泥砂浆　　B. 水泥混合砂浆

C. 非水泥砂浆　　D. 湿拌砂浆

3. 判断题

（1）湿拌砂浆根据用途的不同，可分为湿拌砌筑砂浆、湿拌抹灰砂浆、湿拌地面砂浆与湿拌防水砂浆。（　　）

（2）拌制的砂浆应在 5 h 内使用完毕。（　　）

（3）砂浆应采用机械搅拌，自投完料算起，水泥砂浆和水泥混合砂浆的搅拌时间不得少于 10 min。（　　）

（4）水泥混合砂浆施工期间最高气温超过 30 °C 时，应在 3 h 以内使用完毕。（　　）

4. 客观题

（1）完成虚拟仿真中“行走课堂”实训任务。

（2）总结砂浆拌制和使用要求。

5. 综合任务实施（理实一体化）

按照现有成套施工图，在教师的指导下分组编制完成一份砌体施工的准备工作施工方案（附页）。

任务3　砌筑工程施工

任务目标

- 掌握砖砌体、中小型砌块砌体的施工方法和施工工艺；
- 掌握砌筑工程的质量要求及安全防护措施；
- 能编制砌体工程施工方案。

任务描述

砌体工程施工，是指在建筑工程中使用普通黏土砖、承重黏土空心砖、蒸压灰砂砖、粉煤灰砖、各种中小型砌块和石材等材料进行砌筑的工程。按照现有成套施工图，请编制一份砌筑工程施工方案。

知识链接

模块1　砌体的一般要求

课程引入：砌筑工程又叫砌体工程，包括砌砖、砌石、砌块及轻质墙板等内容。

1. 砌体的分类

砌体可分为砖砌体、砌块砌体和石材砌体。

2. 砌体的应用

砖砌体主要形式有墙和柱；砌块砌体多用于定型设计的民用房屋及工业厂房的墙体；石材砌体多用于带形基础、挡土墙及某些墙体。

砌体除应采用符合质量要求的原材料外，还必须有良好的砌筑质量，以使砌体有良好的整体性、稳定性和良好的受力性能，一般要求灰缝横平竖直，砂浆饱满，厚薄均匀。砌块应上下错缝，内外搭砌，接槎牢固，墙面垂直，要预防不均匀沉降引起开裂，要注意施工中墙、柱的稳定性。

拓展笔记

模块 2　毛石基础与砖基础砌筑

1. 毛石基础

毛石基础

（1）毛石基础构造

毛石基础是用毛石与水泥砂浆或水泥混合砂浆砌成。所用毛石应质地坚硬、无裂纹、强度等级一般为 MU20 以上，砂浆宜用水泥砂浆，强度等级应不低于 M5。

毛石基础可作墙下条形基础，或作柱下独立基础，如图 3-3-1 所示。毛石基础按其断面形式可分为矩形毛石基础、阶梯形毛石基础和梯形毛石基础等。基础顶面宽度比墙基底面宽度要大 200 mm，即每边宽出 100 mm，基础底面宽度依设计计算而定，梯形基础坡角应大于 60°。阶梯形毛石基础每阶高度一般为 300～400 mm，并至少砌两皮毛石。上级阶梯的石块应至少压砌下级阶梯的 1/2，相邻阶梯的毛石应相互错缝搭砌，每阶挑出宽度不小于 200 mm，如图 3-3-2 所示。

图 3-3-1　条形毛石基础

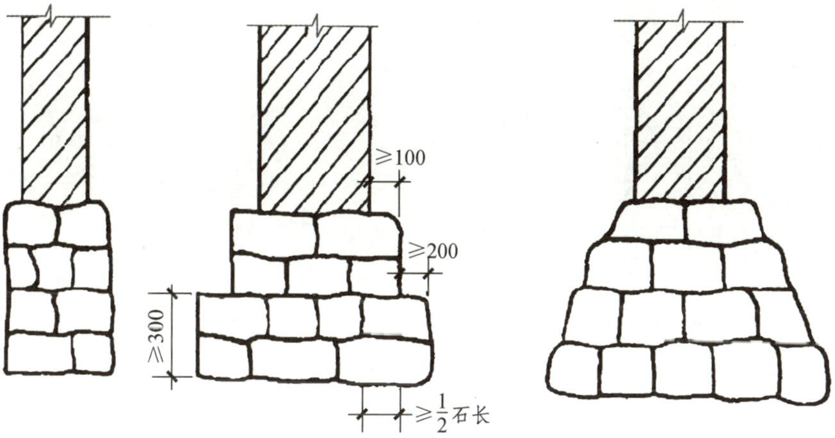

（a）矩形　　　　　　（b）阶梯形　　　　　　（c）梯形

图 3-3-2　不同断面形式的毛石基础（单位：mm）

（2）毛石基础施工要点

① 毛石基础砌筑时，第一皮石块应坐浆，并大面向下。料石基础的第一皮石块应丁砌并坐浆。砌体应分皮卧砌，上下错缝，内外搭砌，不得采用先砌外面石块后中间填心的砌筑方法。

② 石砌体的灰缝厚度：毛料石和粗料石砌体不宜大于 20 mm，细料石砌体不宜大于 5 mm。石块间较大的孔隙应先填塞砂浆后用碎石嵌实，不得采用先放碎石块后灌浆或干填碎石块的方法。

③ 为增加整体性和稳定性，应按规定设置拉结石。

④ 毛石基础的最上一皮及转角处、交接处和洞口处，应选用较大的平毛石砌筑。有高低台的毛石基础，应从低处砌起，并由高台向低台搭接，搭接长度不小于基础高度。

⑤ 阶梯形毛石基础，上阶的石块应至少压砌下阶石块的 1/2，相邻阶梯毛石应相互错缝搭接。

⑥ 毛石基础的转角处和交接处应同时砌筑。如不能同时砌筑又必须留槎时，应砌成斜槎。基础每天可砌筑高度应不超过 1.2 m。

2. 砖基础

砖基础

（1）砖基础的构造

砖基础有带形基础和独立基础，基础下部扩大部分称为大放脚，上部为基础墙。大放脚有等高式和不等高式两种，如图 3-3-3 所示。等高式大放脚是两皮一收，即每砌两皮砖，两边各收进 1/4 砖长。不等高大放脚是两皮一收和一皮一收相间隔，即砌两皮砖，两边各收进 1/4 砖长，再砌一皮砖，两边各收进 1/4 砖长，如此往复。在相同底宽的情况下，后者可减小基础高度，但为保证基础的强度，底层需用两皮一收砌筑。大放脚的底宽应根据计算而定，各层大放脚的宽度应为半砖长度的整倍数（包括灰缝）。

在大放脚下面为基础垫层，一般采用 C15 素混凝土，厚 100 mm。在墙基顶面应设防潮层，防潮层宜用 1∶2.5 水泥砂浆加适量的防水剂铺设，其厚度一般为 20 mm，位置在底层室内地面以下一皮砖处，即离底层室内地面以下 60 mm 处。也可采用圈梁代替防潮层，如图 3-3-3（a）所示。

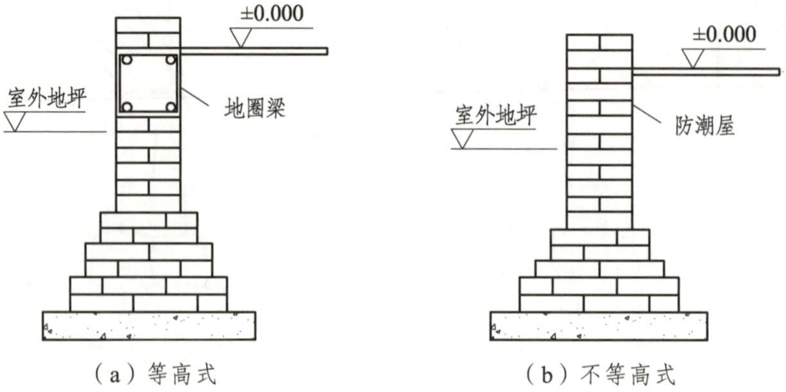

图 3-3-3　基础大放脚形式

（2）砖基础施工要点

① 砌筑前，应将地基表面的浮土及垃圾清除干净。

② 基础施工前，应在主要轴线部位设置引桩，以控制基础、墙身的轴线位置，并从中引出墙身轴线，而后向两边放出大放脚的底边线。在地基转角、交接及高低踏步处预先立好基础皮数杆。

③ 砌筑时，可依皮数杆先在转角及交接处砌几皮砖，然后在其间拉准线砌中间部分。内外墙砖基础应同时砌起，如不能同时砌筑时应留置斜槎，斜槎长度不应小于斜槎高度。

④ 基础底标高不同时，应从低处砌起，并由高处向低处搭接。如设计无要求，搭接长度不应小于基础底的高差，搭接长度范围内下层基础应扩大砌筑。

⑤ 大放脚部分一般采用一顺一丁砌筑形式。水平灰缝及竖向灰缝的宽度应控制在 10 mm 左右，水平灰缝的砂浆饱满度不得小于 80%，竖缝要错开。大放脚的最下一皮及每层的最上一皮应以丁砌为主。

⑥ 基础砌完验收合格后，应及时回填。回填土要在基础两侧同时进行，并分层夯实。

拓展笔记

砖墙类型及砌筑工艺

1. 砌筑形式

普通砖墙的砌筑形式主要有五种：一顺一丁、三顺一丁、梅花丁、二平一侧和全顺式。

（1）一顺一丁

一顺一丁是一皮全部顺砖与一皮全部丁砖间隔砌成，上下皮间的竖缝相互错开 1/4 砖长，如图 3-3-4（a）所示。这是日前常用的一种组砌形式，适用于砌一砖、一砖半及二砖墙。

（2）三顺一丁

三顺一丁是三皮全部顺砖与一皮全部丁砖间隔砌成。上下皮顺砖与丁砖间竖缝错开 1/4 砖长；上下皮顺砖间竖缝错开 1/2 砖长，如图 3-3-4（b）所示。这种砌法因顺砖较多效率较高，适用于砌一砖、一砖半墙。

（3）梅花丁

梅花丁是皮中丁砖与顺砖相隔，上皮丁砖坐中于下皮顺砖，上下皮间竖缝相互错开 1/4 砖长，如图 3-3-4（c）所示。这种砌法内外竖缝每皮都能错开，故整体性好，灰缝整齐，比较美观，但砌筑效率较低。适用于砌一砖、一砖半墙，特别适用于清水墙。

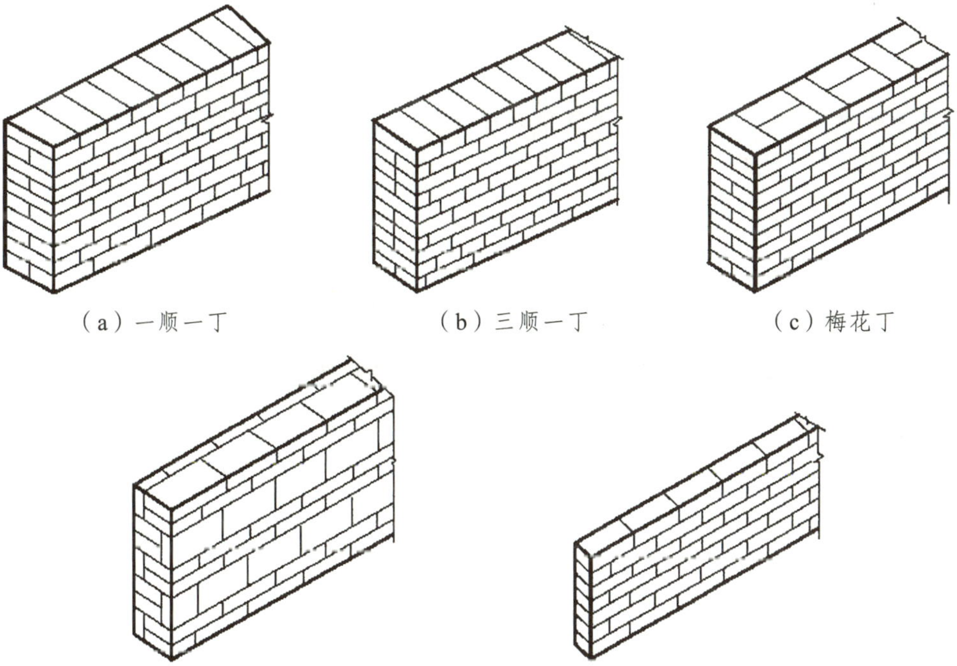

（a）一顺一丁　（b）三顺一丁　（c）梅花丁

（d）二平一侧　（e）全顺式

图 3-3-4　砖墙组砌方式

（4）二平一侧

二平一侧采用两皮平砌砖与一皮侧砌的顺砖相隔砌成。当墙厚为 3/4 砖时，平砌砖均为顺砖，上下皮平砌顺砖间竖缝相互错开 1/2 砖长。上下皮平砌顺砖与侧砌顺砖间竖缝相互错开 1/2 砖长。当墙厚为 5/4 砖长时，上下皮平砌顺砖与侧砌顺砖间竖缝相互错开 1/2 砖长。上下皮平砌丁砖与侧砌顺砖间竖缝相互错开 1/4 砖长，如图 3-3-4（d）所示。

（5）全顺式

全顺式是各皮砖均为顺砖，上下皮竖缝相互错开 1/2 砖长。这种形式仅适用于砌筑半砖墙。为了使砖墙的转角处各皮间竖缝相互错开，必须在外角处砌七分头砖（3/4 砖长）。当采用一顺一丁组砌时，七分头的顺面方向依次砌顺砖，丁面方向依次砌丁砖。砖墙的丁字接头处，应分皮相互砌通，内角相交处的竖缝应错开 1/4 砖长，并在横墙端头处加砌七分头砖。砖墙的十字接头处，应分皮相互砌通，交角处的竖缝相互错开 1/4 砖长，如图 3-3-4（e）所示。

2. 砌筑工艺

砖墙的砌筑工艺流程：抄平放线→摆砖→立皮数杆→盘角、挂线→砌筑、勾缝→清理。

砖砌体施工工艺

（1）抄平放线

砌墙前应在基础防潮层或楼面上定出各层标高，并用水泥砂浆或 C15 细石混凝土找平，使各段砖墙底部标高符合设计要求。然后根据龙门板上给定的轴线及图纸上标注的墙体尺寸，在基础顶面上用墨线弹出墙的轴线和墙的宽度线，并定出门洞口位置线。二楼以上墙的轴线可以用经纬仪或垂球将轴线引测上去。

（2）摆砖

摆砖，又称摆脚，是指在放线的基面上按选定的组砌方式用干砖试摆。摆砖的目的是核对所放的墨线在门窗洞口、附墙垛等处是否符合砖的模数，以尽可能减少砍砖，并使砌体灰缝均匀，组砌得当。摆砖由一个大角摆到另一个大角，砖与砖之间留 10 mm 的缝隙。砖墙交接处组砌方式如图 3-3-5 所示。

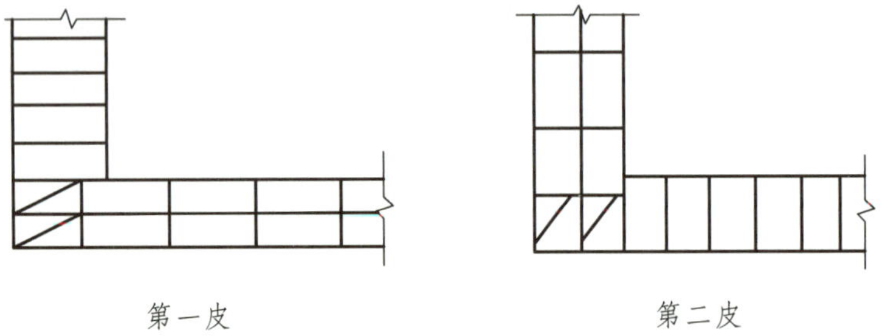

（a）一砖墙转角（一顺一丁）

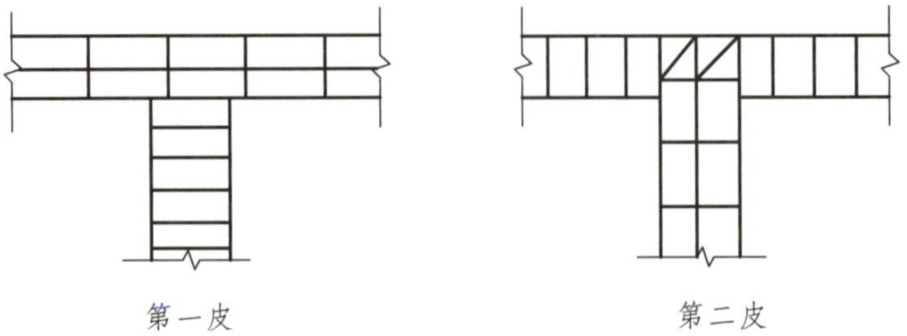

（b）一砖墙丁字交接处（一顺一丁）

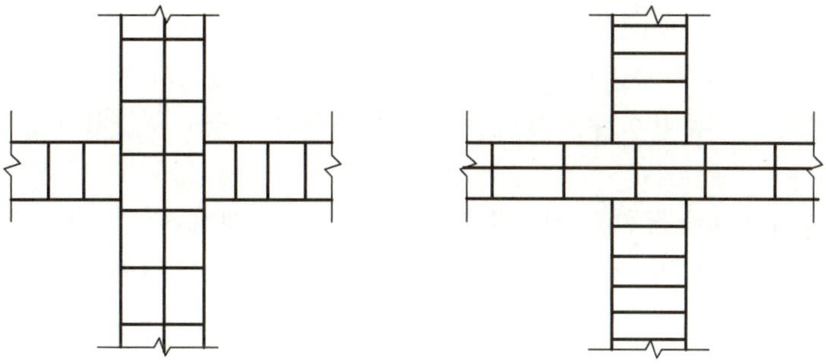

（c）一砖墙十字交接处（一顺一丁）

图 3-3-5 砖墙交接处组砌

（3）立皮数杆

皮数杆是指在其上画有每皮砖和砖缝厚度，以及门窗洞口、过梁、楼板、梁底、预埋件等标高位置的一种木制标杆。砌筑时用来控制墙体竖向尺寸及各部位构件的竖向标高，并保证灰缝厚度的均匀性。皮数杆一般设置在房屋的四大角以及纵横墙交接处，当墙面过长时，应每隔 10 ~ 15 m 立一根。

（4）盘角、挂线

墙角是控制墙面横平竖直的主要依据，一般砌筑时应先砌墙角，墙角砖层高度必须与皮数杆相符合，做到“三皮一吊，五皮一靠”，墙角必须双向垂直。

墙角砌好后，即可挂线，作为砌筑中间墙体的依据，以保证墙面平整，一般一砖墙、一砖半墙可单面挂线，一砖半以上的墙则应双面挂线。

（5）砌筑、勾缝

砌砖的操作方法各地不一，但应保证砌筑质量要求。常用的是“铺浆法”和“三一砌砖法”砌筑。“铺浆法”即在墙顶上铺一段砂浆，然后用砖挤入砂浆中一定厚度之后把砖放平，达到下齐边、上齐线、横平竖直的要求。这种砌法可以连续挤砌几块砖，减少烦琐的动作，灰缝饱满，效率高，保证砌筑质量。采用铺浆法砌筑砌体，铺浆长度不得超过 750 mm，当施工期间气温超过 30°时，铺浆长度不得超过 500 mm。“三一砌砖法”即一铲灰，一块砖，一挤揉，并随手将挤出的砂浆刮去的砌筑方法。这两种砌法的优点是灰缝容易饱满、黏结力好、墙面整洁。

勾缝是砌清水墙的最后一道工序，可以用砂浆随砌随勾缝，叫作原浆勾缝；也可以砌完墙后再用 1 : 1.5 水泥砂浆或加色砂浆勾缝，称为加浆勾缝。勾缝具有保护墙面和增加墙面美观的作用，为了确保勾缝质量，勾缝前应清除墙面黏结的砂浆和杂物，并洒水湿润，在砌完墙以后，应画出 1 cm 的灰槽，灰缝可勾成凹、平、斜或凸状。勾缝完毕后，应进行墙面、柱面和落地灰的清理。

3. 施工要点

（1）全部砖墙应平行砌筑，砖层必须水平，砖层正确位置用皮数杆控制，基础和每楼层砌完后必须校对一次水平、轴线和标高，在允许偏差范围内，其偏差应在基础或楼板顶面调整。

（2）砖墙的水平灰缝和竖向灰缝宽度一般为 10 mm，但不小于 8 mm，也不应大于 12 mm。水平灰缝的砂浆饱满度不得低于 80%，竖向灰缝宜采用挤浆或加浆方法，使其砂浆饱满，严禁用水冲浆灌缝。砖柱水平灰缝和竖向灰缝饱满度不得低于 90%。

砌体工程
施工工艺

（3）砖墙的转角处和交接处应同时砌筑。对不能同时砌筑而又必须留槎时，应砌成斜槎，斜槎长度不应小于高度的 2/3，如图 3-3-6 所示。斜槎高度不得超过一步脚手架高。非抗震设防及抗震设防烈度为 6 度、7 度地区的临时间断处，当不能留斜槎时，除转角处外，可留直槎，但直槎必须做成凸槎，如图 3-3-7 所示。留直槎处应加设拉结钢筋，拉结钢筋的数量为每 120 mm 墙厚放置 1Φ6 拉结钢筋，120 mm 厚墙放置 2Φ6 拉结钢筋，间距沿墙高不应超过 500 mm。埋入长度从留槎处算起每边均不应小于 500 mm，对抗震设防烈度 6 度、7 度的地区，不应小于 1 000 mm，末端应有 90° 弯钩。抗震设防地区不得留直槎。

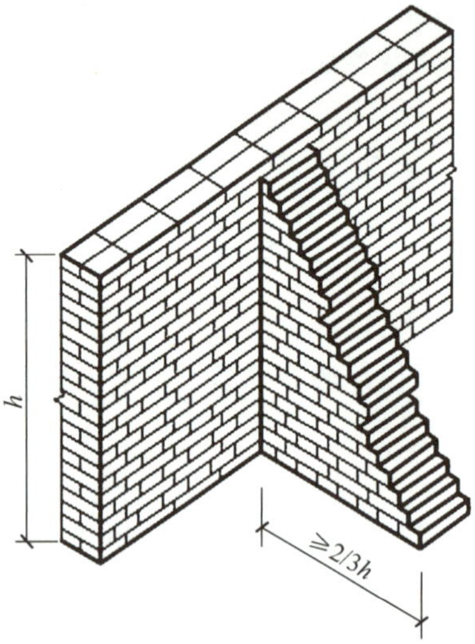

图 3-3-6　斜槎

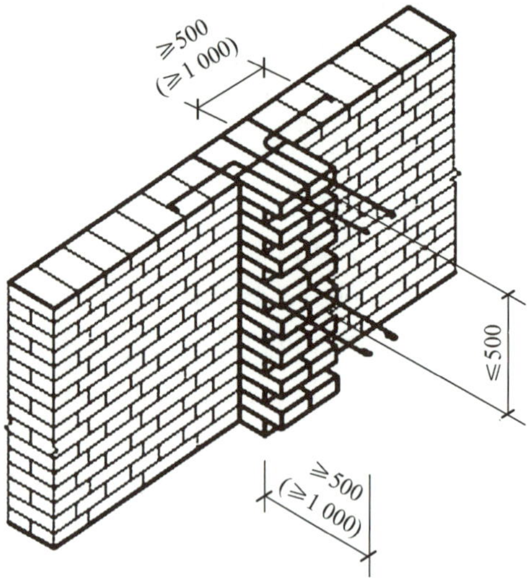

图 3-3-7　直槎（单位：mm）

（4）砖墙接槎时，必须将接槎处的表面清理干净，浇水润湿，并应填实砂浆，保持灰缝平直。

（5）每层承重墙的最上一皮砖、梁或梁垫的下面及挑檐、腰线等处，应是整砖丁砌。

（6）砖墙中留置临时施工洞口时，其侧边离交接处的墙面不应小于 500 mm，洞口净宽度不应超过 1 m。

（7）砖墙相邻工作段的高度差，不得超过一个楼层的高度，也不宜大于 4 m。工作段的分段位置应设在变形缝或门窗洞口处。砖墙临时间断处的高度差，不得超过一步脚手架的高度。砖墙每天砌筑高度以不超过 1.5 m 为宜。

（8）钢筋混凝土构造柱施工，构造柱需先砌筑墙后浇筑柱，尺寸不宜小于 240 mm × 240 mm，其厚度不宜小于墙厚。砖砌体与构造柱的连接处应砌成马牙槎，马牙槎凹凸尺寸不宜小于 60 mm，高度不应超过 300 mm，马牙槎先退后进，对称砌筑。墙与柱连接处应沿高度方向每隔 500 mm 设 2Φ6 水平拉结筋，伸入墙内不宜少于 1 000 mm，如图 3-3-8 所示。柱内竖向受力钢筋一般采用 HPB300 级钢筋，对于中柱不宜小于 4ϕ12，对于边柱不宜小于 4ϕ14，其箍筋一般采用 ϕ6@200，楼层上下 500 mm 范围内宜采用 ϕ6@100，构造柱竖向受力钢筋应在基础梁和楼层圈梁中锚固。

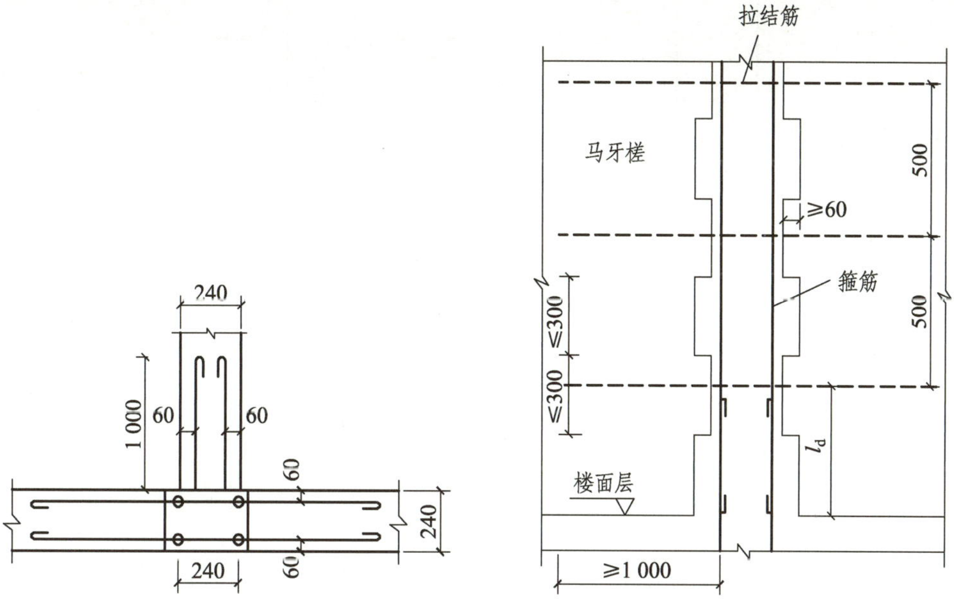

图 3-3-8　构造柱马牙槎及水平拉结筋设置（单位：mm）

拓展笔记

模块 4　配筋砌体

1. 面层和砖组合砌体

（1）面层和砖组合砌体构造

面层和砖组合砌体有组合砖柱、组合砖垛、组合砖墙等，如图 3-3-9 所示。

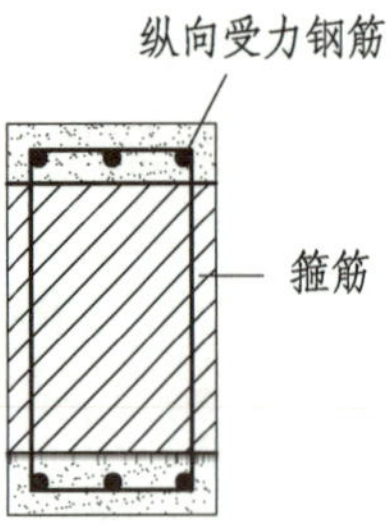

组合砖柱

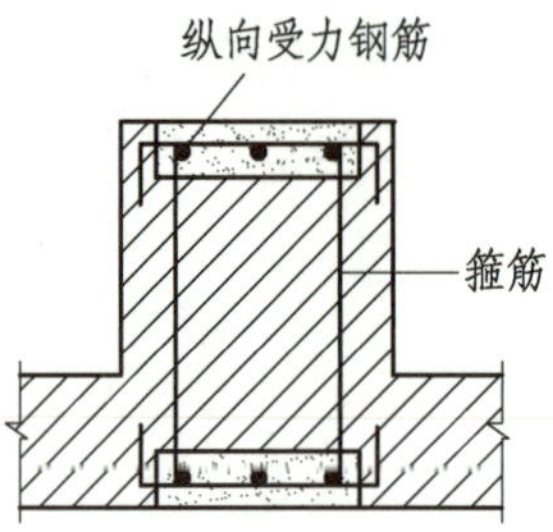

组合砖垛

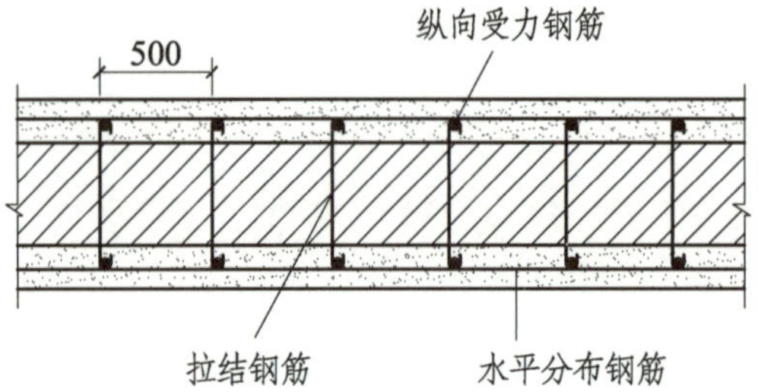

组合砖墙

图 3-3-9　面层和砖组合砌体（单位：mm）

面层和砖组合砌体由烧结普通砖砌体、混凝土或砂浆面层以及钢筋等组成。

（2）面层和砖组合砌体施工

① 砌筑砖砌体，同时按照箍筋或拉结钢筋的竖向间距，在水平灰缝中铺置箍筋或拉结钢筋。

② 绑扎钢筋：将纵向受力钢筋与箍筋绑牢，在组合砖墙中，将纵向受力钢筋与拉结钢筋绑牢，将水平分布钢筋与纵向受力钢筋绑牢。

③ 在面层部分的外围分段支设模板，每段支模高度宜在 500 mm 以内，浇水润湿模板及砖砌体面，分层浇灌混凝土或砂浆，并用捣棒捣实。

④ 待面层混凝土或砂浆的强度达到其设计强度的 30%以上，方可拆除模板。如有缺陷应及时修整。

2. 构造柱和砖组合砌体

（1）构造柱和砖组合砌体构造

构造柱和砖组合砌体仅有组合砖墙（图 3-3-10）。

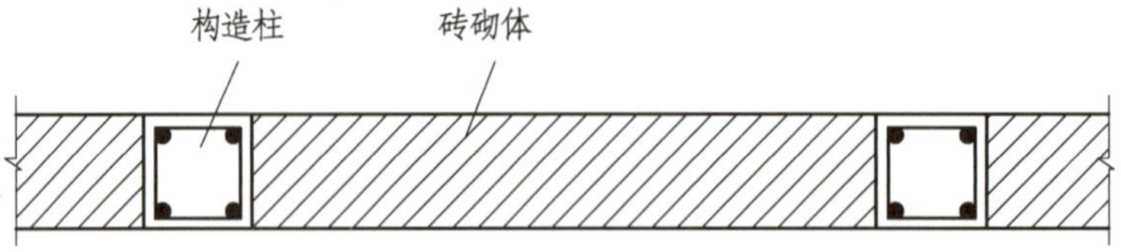

图 3-3-10　构造柱和砖组合墙

构造柱和砖组合墙由钢筋混凝土构造柱、烧结普通砖墙以及拉结钢筋等组成。

（2）构造柱和砖组合砌体施工

构造柱和砖组合墙的施工程序应为先砌墙后浇混凝土构造柱。构造柱施工程序为：绑扎钢筋、砌砖墙、支模板、浇混凝土、拆模。

① 构造柱的模板可用木模板或组合钢模板。在每层砖墙及其马牙槎砌好后，应立即支设模板，模板必须与所在墙的两侧严密贴紧，支撑牢靠，防止模板缝漏浆。

② 构造柱的底部（圈梁面上）应留出 2 皮砖高的孔洞，以便清除模板内的杂物，清除后封闭。

③ 构造柱浇灌混凝土前，必须将马牙槎部位和模板浇水湿润，将模板内的落地灰、砖渣等杂物清理干净，并在结合面处注入适量与构造柱混凝土相同的去石水泥砂浆。

④ 构造柱的混凝土坍落度宜为 50 ~ 70 mm，石子粒径不宜大于 20 mm。混凝土随拌随用，拌和好的混凝土应在 1.5 h 内浇灌完。

⑤ 构造柱的混凝土浇灌可以分段进行，每段高度不宜大于 2.0 m。在施工条件较好并能确保混凝土浇灌密实时，亦可每层一次浇灌。

⑥ 捣实构造柱混凝土时，宜用插入式混凝土振动器，应分层振捣，振动棒随振随拔，每次振捣层的厚度不应超过振捣棒长度的 1.25 倍。振捣棒应避免直接碰触砖墙，严禁通过砖墙传振。钢筋的混凝土保护层厚度宜为 20 ~ 30 mm。

⑦ 构造柱与砖墙连接的马牙槎内的混凝土必须密实饱满。

⑧ 构造柱从基础到顶层必须垂直，对准轴线。在逐层安装模板前，必须根据构造柱轴线随时校正竖向钢筋的位置和垂直度。

3. 网状配筋砖砌体

（1）网状配筋砖砌体构造

网状配筋砖砌体有配筋砖柱、砖墙，即在烧结普通砖砌体的水平灰缝中配置钢筋网（图 3-3-11）。

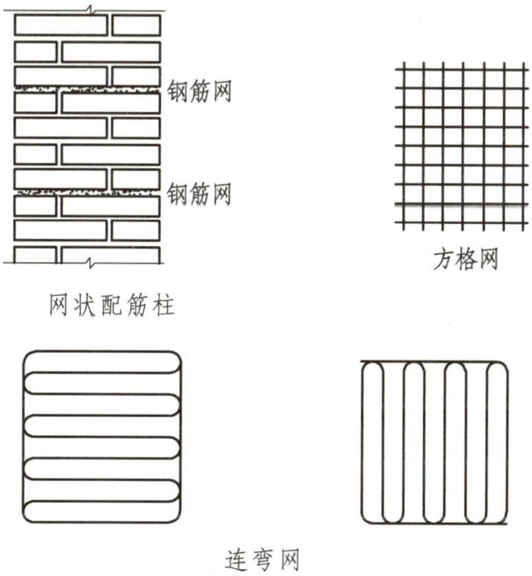

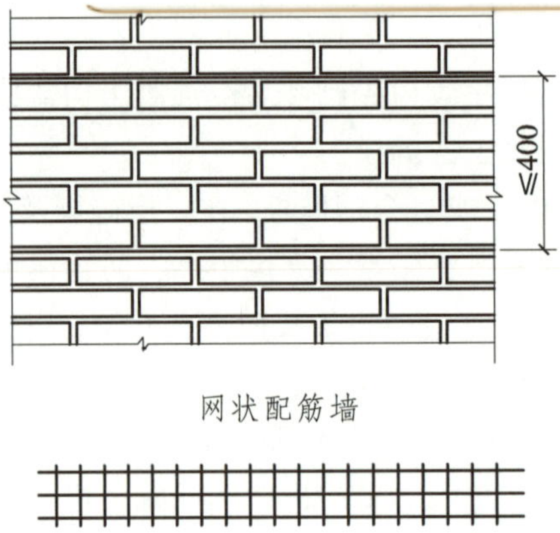

图 3-3-11　网状配筋砖砌体（单位：mm）

（2）网状配筋砖砌体施工

① 钢筋网应按设计规定制作成型。

② 在配置钢筋网的水平灰缝中，应先铺一半厚的砂浆层，放入钢筋网后再铺一半厚砂浆层，使钢筋网居于砂浆层厚度中间。钢筋网四周应有砂浆保护层。

③ 配置钢筋网的水平灰缝厚度：当用方格网时，水平灰缝厚度为 2 倍钢筋直径加 4 mm；当用连弯网时，水平灰缝厚度为钢筋直径加 4 mm。确保钢筋上下各有 2 mm 厚的砂浆保护层。

④ 网状配筋砖砌体外表面宜用 1∶1 水泥砂浆勾缝或进行抹灰。

4. 配筋砌块砌体

（1）配筋砌块砌体构造

配筋砌块砌体有配筋砌块剪力墙、配筋砌块柱。

配筋砌块剪力墙，所用砌块强度等级不应低于 MU10；砌筑砂浆强度等级不应低于 M7.5；灌孔混凝土强度等级不应低于 C20。

配筋砌块柱的配筋如图 3-3-12 所示。

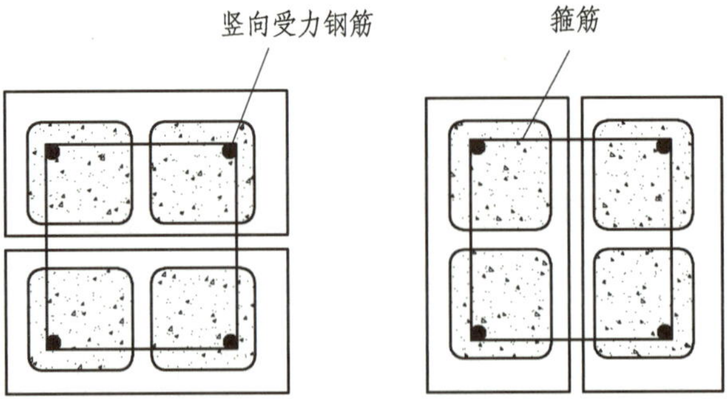

图 3-3-12　配筋砌块柱配筋

柱的纵向钢筋的直径不宜小于 12 mm，数量不少于 4 根，全部纵向受力钢筋的配筋率不宜小于 0.2%。

（2）配筋砌块砌体施工

① 配筋砌块砌体施工前，应按设计要求，将所配置钢筋加工成型，堆置于配筋部位的近旁。

② 砌块的砌筑应与钢筋设置互相配合。

③ 砌块的砌筑应采用专用的小砌块砌筑砂浆和专用的小砌块灌孔混凝土。

拓展笔记

模块 5 砌块砌筑

1. 砌块材料

混凝土小型空心砌块根据其块型厚度，有 90、120、140、190、240、290 等厚度系列块型，其中 90 厚用于内隔墙砌筑（自承重砌块），承重墙则常用 190 厚系列砌块。砌块类型及规格如表 3-3-1 所示。

表 3-3-1 砌块类型及规格

砌块类型	代号	长×宽×高/（mm×mm×mm）
普通砌块	K422	400×200×200
装饰砌块	ZK412	400×100×200
轻集料砌块	QK422	400×200×200
粉煤灰砌块	FK422	400×200×200
保温砌块	BK4×2	400× × ×200
窗台砌块	CT8××	200× × × ×
压顶砌块	YD2×2	200× × ×200
吸音砌块	XY422	400×200×200

注：砌块长、宽、高不符合模数时不标注，以符号×表示，当长、宽、高特殊时，可根据情况个别标注。

2. 砌筑施工

（1）绘制墙体砌块排列图

墙体施工前必须按房屋设计图编绘小砌块平、立面排块图。排列时应根据小砌块规格、灰缝厚度和宽度，门窗洞口尺寸、过梁与圈梁或连系梁的高度、芯柱或构造柱位置，预留洞大小，管线、开关、插座敷设部位等，进行对孔、错缝搭接的排列。

（2）基础及墙体的组砌方式

混凝土小砌块基础一般砌成台阶式，每砌一皮或二皮收进一次，每边收进 1/2 砌块宽。

混凝土小砌块墙一般采用全顺砌法，空心呈垂直方向，上下两皮砌块竖向灰缝错开 1/2 砌块长，墙的厚度等于砌块宽度 190 mm（图 3-3-13）。

小砌块基础砌体必须采用水泥砂浆砌筑，地坪以上的小砌块墙体应采用水泥混合砂浆砌筑。

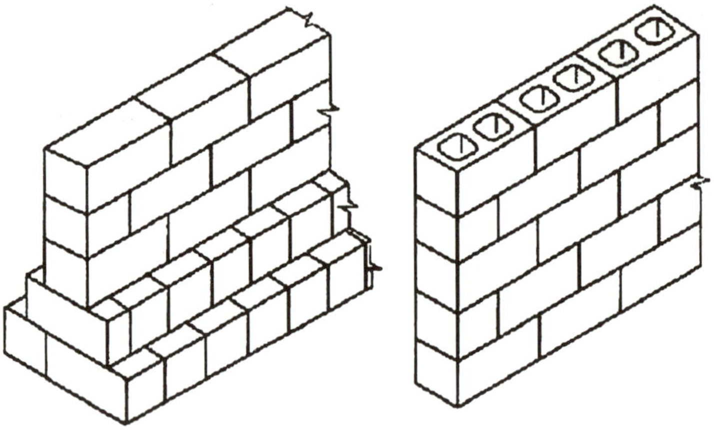

（a）小砌块基础　　（b）小砌块墙

图 3-3-13　小砌块基础和墙

（3）小砌块墙体砌筑工艺流程

抄平放线→干排第一皮、第二皮砌块→砌筑、清缝→原浆勾缝→自检。

（4）芯柱的施工工艺

芯柱砌块的砌筑→芯孔的清理→芯柱钢筋的绑扎→隐检→封闭芯柱清扫口→浇注灌孔混凝土→振捣→芯柱的质量检查。

（5）构造柱的施工

空心砌块建筑设芯柱的做法存在设置数量多、施工浇灌混凝土不易密实、浇灌的混凝土质量难以检查、多排孔砌块无法做芯柱等不足，因此对抗震设防的空心小砌块房屋要求所有纵横墙交接处及横墙的中部，均应增设构造柱，在横墙内的柱距不宜大于层高，在纵墙内的柱距不宜大于 4.2 m。

（6）圈梁的施工

小砌块房屋各楼层均应设置现浇钢筋混凝土圈梁，不得采用槽形小砌块作模，并应按规范要求设置。圈梁宽度不应小于 190 mm，配筋不应少于 4ϕ12。现浇或装配整体式钢筋混凝土楼、屋盖与墙体有可靠连接，可不另设圈梁，但楼板沿墙体周边应加强配筋并应与相应的构造柱可靠连接。

拓展笔记

模块 6 填充墙砌体工程施工

1. 填充墙的砌筑材料

填充墙常用的砌筑材料有多孔砖、空心砖、粉煤灰砌块、加气混凝土砌块等。

（1）多孔砖填充墙的砌筑材料

孔洞率不小于 25%、孔的尺寸小而数量多、主要用于承重部位的砖简称多孔砖。烧结多孔砖是指以黏土、页岩、煤矸石、粉煤灰为主要原料，经焙烧而成的多孔砖。

烧结多孔砖按主要原料分为黏土多孔砖、页岩多孔砖、煤矸石多孔砖和粉煤灰多孔砖。

（2）砌块填充墙的砌筑材料

砌块填充墙的砌筑材料有普通混凝土小型空心砌块、轻骨料混凝土小型空心砌块、粉煤灰实心砌块。

2. 填充墙的构造要求

（1）砌块砌体的一般构造要求

① 砌块砌体应分皮错缝搭砌，上下皮搭砌长度不小于 90 mm。当搭砌长度不满足要求时，应在水平灰缝内设置不少于 2 片的焊接钢筋网片，横向钢筋间距不宜大于 200 mm，网片每端均应超过该垂直缝，其长度不得小于 300 mm。

② 砌块墙与后砌隔墙交接处，应沿墙高每 400 mm 在水平灰缝内设置不少于 2 片、横筋间距不大于 200 mm 的焊接钢筋网片。

混凝土砌块墙体的灌孔要求：采用不低于 C20 灌孔混凝土将孔灌实。

③ 在砌体中留槽洞及埋设管道应符合下列规定：不应在截面长边小于 500 mm 的承重墙体、独立柱内埋设管线；不宜在墙体中穿行暗线或预留、开凿沟槽，无法避免时应采取必要的措施或按削弱后的截面验算墙体的承载力，但允许在受力较小或未灌孔的砌块砌体和墙体的竖向孔洞中设置管线。

④ 夹心墙应符合下列规定：混凝土砌块的强度等级不应低于 MU10；夹心墙的夹层厚度不宜大于 100 mm；夹心墙外叶墙的最大横向支撑间距不宜大于 9 m。

（2）砌块墙的构造

① 砌块墙的拼接

由于砌块的体积比普通砖的体积大，所以墙体接缝更显得重要。在砌筑时，必须保证灰缝横平竖直、砂浆饱满，使砌块能更好地连接。加气混凝土砌块墙的转角处、交接处砌法如图 3-3-14 所示。一般砌块墙采用 M5 砂浆砌筑，水平缝为 10 ~ 15 mm，竖向缝为 15 ~ 20 mm。当竖向缝大于 40 mm 时，须用 C15 细石混凝土灌实。当砌块排列出现局部不齐或缺少某些特殊规格时，为减少砌块类型，常以普通黏土砖填充。

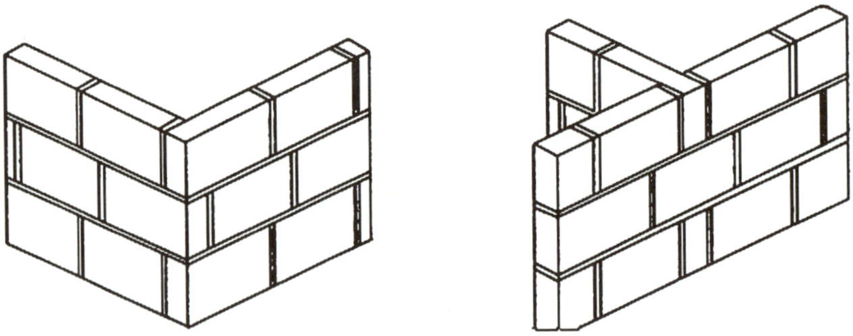

（a）转角搭砌　　（b）内外墙搭砌

图 3-3-14　砌块墙转角处、交接处砌法

砌块墙上下错缝应大于 150 mm，当错缝不足 150 mm 时，应于灰缝中配置钢筋网片一道；砌块与砌块在转角、内外墙拼接处应以钢筋网片加固，如图 3-3-15 所示。

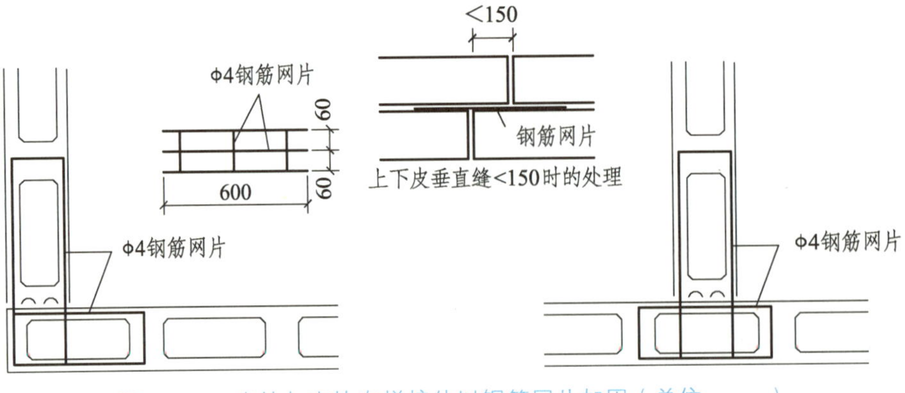

图 3-3-15　砌块与砌块在拼接处以钢筋网片加固（单位：mm）

② 构造柱和芯柱的设置

为了加强砌体房屋的整体性，空心砌体常于房屋的转角处及内、外墙交接处设置构造柱或芯柱。芯柱是利用空心砌块的孔洞做成，砌筑时将砌块孔洞上下对齐，孔中插入 2ϕ10 或 2ϕ12 的钢筋，采用 C20 细石混凝土分层捣实（图 3-3-16）。为了增强房屋的抗震能力，构造柱应与圈梁连接。当填充墙长度超过 5 m 时，也应设置构造柱。

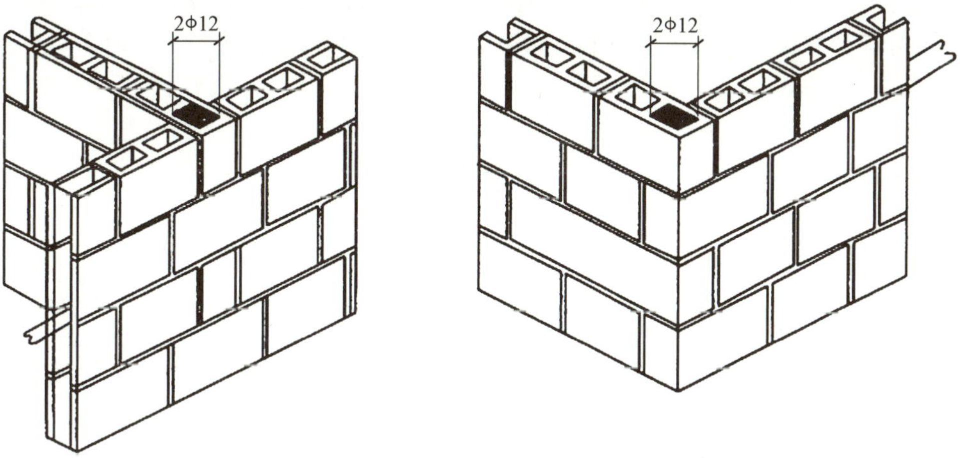

图 3-3-16　芯柱的设置

拓展笔记

新技术应用（新技术、新工艺、新材料、新设备）

自保温砌块

自保温砌块有三种结构形式：盲孔、通孔和填充。可根据不同建筑的具体要求，通过设置保温层的材料和厚度、粗细骨料的品种和比例、保温连接销的截面结构和数量等可调参数，调整各项技术指标，有限地满足市场需求。

自保温砌块砖生产过程

自保温砌块使用保温材料对于建筑来说是一项重要的技术，作业时应该增加外模的使用。人们对建筑的要求不仅是面积，还有建筑的舒适度。需要注意的性能是建筑物的隔热性能，它采用 4FS 复合保温外模可获得良好的保温效应。

自保温砌块的干燥收缩大多发生在含水量为 5%至干燥状态的范围内。理论上来说，这个范围内的收缩非常大，对结构也是非常有害的。然而，在实际应用中，这个范围内的收缩一般不会发生。由于我国南方的平衡湿度为 8% ~ 10%，北方的平衡湿度为 2% ~ 5%，所以它对结构有害的收缩值是从负到平衡状态的收缩。在结构设计中，应注意该区间收缩引起的收缩。

拓展笔记

任务实施（理实一体化）

1. 单选题

（1）干作业成孔灌注桩浇筑混凝土时，应连续浇筑，分层捣实，每层高度不得大于（　　）。

A. 0.5 m　　B. 1.0 m　　C. 1.5 m　　D. 2.0 m

（2）每隔（　　）立一根皮数杆。

A. 5 ~ 10 m　　B. 10 ~ 15 m　　C. 15 ~ 20 m

（3）砖墙的水平灰缝和竖向灰缝宽度一般为（　　）。

A. 5 mm　　B. 15 mm　　C. 20 mm　　D. 10 mm

2. 多选题

（1）砌体可分为（　　）。

A. 砖砌体　　B. 砌块砌体

C. 石材砌体　　D. 加气混凝土砌块砌体

（2）砖基础有（　　）。

A. 带形基础　　B. 箱形基础

C. 独立基础　　D. 筏形基础

3. 判断题

（1）普通砖墙的砌筑形式主要有三种。（　　）

（2）三顺一丁是三皮全部顺砖与一皮全部丁砖间隔砌成。（　　）

（3）加气混凝土砌块只能砌成单层墙。（　　）

（4）砌块填充墙的砌筑材料有普通混凝土小型空心砌块、轻骨料混凝土小型空心砌块、粉煤灰实心砌块。（　　）

4. 客观题

（1）完成虚拟仿真中“行走课堂”实训任务。

（2）总结砖墙砌筑中的质量问题，并给出预防和处理措施。

5. 综合任务实施（理实一体化）

按照现有成套施工图，在教师的指导下分组编制完成一份砖墙砌筑施工方案（附页），施工方案应包含以下内容：① 编制依据、原则；② 工程概况；③ 总体布置及工期安排；④ 施工技术方案；⑤ 工期保证措施；⑥ 质量目标、保证体系及保证措施；⑦ 安全生产目标及保证措施；⑧ 季节性施工保证措施；⑨ 环境保护、文明施工。

任务 4　砌筑工程冬期、雨期施工

任务目标

- 掌握外加剂法、冻结法、暖棚法施工要点；
- 掌握砌体工程雨期施工要点；
- 初步具备砌筑工程冬期、雨期施工方案编制的能力。

任务描述

当预计连续 10 d 内的室外平均气温低于 5 °C，或在冬期施工期限以外，当日最低气温低于 – 3 °C 时，砌体工程施工应遵照《砌体结构工程施工质量验收规范》（GB 50203—2011）冬期施工规定进行。而预计气温可根据当地气象预报或历年气象统计资料估计。按照现有成套施工图，请编制一份砌筑工程冬期、雨期施工方案。

知识链接

模块 1　外加剂法、冻结法、暖棚法

课程引入： 冬期砌筑的主要问题是砂浆容易遭到冻结。砂浆中所含的水受冻结冰后，一方面影响水泥的硬化（水泥的水化作用不能正常进行）；另一方面砂浆冻结会使其体积膨胀 8%左右，体积膨胀会破坏砂浆内部结构，使其松散而降低黏结力。所以冬期砌砖要严格控制砂浆用水量，采取延缓和避免砂浆中水遭冻结的措施，以保证砂浆的正常硬化，使砌体达到设计强度。

1. 外加剂法

将砂浆的拌和水预先加热，砂和石灰膏（黏土膏）在搅拌前也应保持正温，使砂浆经过搅拌、运输，于砌筑时具有 5 °C 以上正温。在拌和水中掺入外加剂如氯化钠（食盐）、氯化钙或亚硝酸钠，砂浆在砌筑后可以在负温条件下硬化，因此，不必采取防止砌体沉降变形的措施。当采用氯盐时，由于氯盐对钢材的腐蚀作用，在砌体中埋设的钢筋及钢预埋件，应预先做好防腐处理。

2. 冻结法

冻结法是指采用不掺加任何抗冻外加剂的普通水泥砂浆或混合砂浆进行施工砌筑的一种冬期施工方法。

采用冻结法施工的砂浆砌体砌筑，一般要经过冻结、融化及硬化三个阶段，不可避免地造成砌筑砂浆的强度、砂浆与砌体之间的黏结力不同程度的损失。特别是在砌体的融化阶段，其砂浆强度接近于零。砌体材料由于受重力的作用，将会使砌体结构的变形幅度和沉降量增大。某些砌体由于自身的结构特点或受力状态等原因，采用冻结法施工后，稳定性更差，如果采用加固措施，也比较复杂，且难以保证安全可靠。

3. 暖棚法

暖棚法是利用简易结构和廉价的保温材料，将需要砌筑的砌体和工作面临时封闭起来，棚内加热，使之在正温条件下砌筑和养护。暖棚法费用高，热效低，劳动效率不高，因此宜少采用。地下工程、基础工程以及量小又急需使用的砌体，可考虑采用暖棚法施工。

暖棚的加热，可优先采用热风装置，如用天然气、焦炭炉等，必须注意防火安全。

用暖棚法施工时，砖石和砂浆在砌筑时的温度均不得低于 59 °C，而距所砌结构底面 0.5 m 处的气温也不得低于 5 °C。

确定暖棚的热耗时，应考虑围护结构的热量损失，基土吸收的热量（在砌筑基础和其他地下结构时）和在暖棚内加热或预热材料的热量损耗。

拓展笔记

模块 2　砌体工程雨期施工

1. 技术准备

（1）熟悉图纸，了解砌筑材料的强度标号；

（2）编制专项的雨期砌体工程施工方案；

（3）在砌筑施工前对操作人员进行雨期砌体工程技术交底；

（4）砌筑材料堆放点应做好防雨和排水措施。

2. 材料要求

（1）砌块的品种、强度必须符合设计要求，并应规格一致；用于清水墙、柱表面的砌块，应边角整齐、色泽均匀；砌块应有出厂合格证明及检验报告；中小型砌块尚应说明制造日期和强度等级。

（2）水泥的品种与强度等级应根据砌体的部位及所处环境选择，一般宜采用 32.5 级普通硅酸盐水泥、矿渣硅酸盐水泥；应有出厂合格证明及检验报告方可使用；不同品种的水泥不得混合使用。

（3）砂宜采用中砂，不得含有草根等杂物；配制水泥砂浆或水泥混合砂浆的强度等级≥M5 时，砂的含泥量≤5%，强度等级＜M5 时，砂的含泥量≤10%。

（4）应采用不含有害物质的洁净水。

（5）掺合料。

① 石灰膏：熟化时间不少于 7 d，严禁使用脱水硬化的石灰膏。

② 黏土膏：以使用不含杂质的黄黏土为宜；使用前加水淋浆，并过 6 mm 孔径的筛子，沉淀后方可使用。

③ 其他掺合料：电石膏、粉煤灰等掺量应由试验部门试验决定。

（6）对木门、木窗、石膏板、轻钢龙骨以及怕雨淋的材料（如水泥等），应采取有效措施，放入棚内或屋内，要垫高码放并通风，以防受潮。

（7）防止混凝土、砂浆受雨淋含水过多，而影响砌体质量。

3. 作业条件

（1）基础砌筑前基槽或基础垫层施工均已完成，并做好工程隐蔽验收记录。

（2）首层砌筑前，地基、基础工程均已完成并办理好工程隐蔽验收记录，并按设计要求及标高完成水泥砂浆防潮层。

（3）严格控制砌块的含水率，空心砖含水率宜为 10%～15%，灰砂砖、粉煤灰砖含水率宜为 5%～8%。

（4）楼层砌筑时，外脚手架应按雨期施工方案要求搭设，并经检查验收符合安全及使用要求。

（5）中小型砌块砌筑前，应绘制砌块的排列图，并在前一天将预砌筑砌块与原结构相接处浇水润湿，确保砌体的黏结。

（6）做好场地周围防洪排水措施，疏通现场排水沟道，做好低洼地面的挡水堤，准备好排水机具，防止雨水淹泡地基。

（7）现场中主要运输道路路基应碾压坚实，铺垫焦渣或天然级配砂石，并做好路拱。道路两旁要做好排水沟，保证雨后通行不陷。

4. 技术要求

（1）砂浆应由试验室做好试配，砂浆的配制重量计量工具必须经校正合格。

（2）经测量确定建筑物的主要轴线应设置标志桩或标志板，并标明基础、墙身和轴线的位置和标高。

（3）砌筑墙体必须立皮数杆，皮数杆一般应立在转角处、墙的交接处及洞口多的墙体处，并经检查确保正确。

（4）砌筑前，应将基础、防潮层、楼板等表面的砂浆和杂物清除干净，并将砌块或基层浇水湿润。

（5）砌体的施工缝应设置在变形缝或门窗洞口处。砌体相邻砌筑分段的高度差不得超过一个楼层高度，且不宜大于 4 m。砌体临时间断处的高差不得超过一步脚手架高度。

（6）对设计有要求的洞口、管道、沟槽和预埋件等，应于砌筑时正确留置或预埋。

拓展笔记

新技术应用（新技术、新工艺、新材料、新设备）

湿拌砂浆稳塑剂

1. 产品简介

湿拌砂浆稳塑剂是混凝土搅拌站生产湿拌砂浆的核心材料，它以《预拌砂浆》（GB/T 25181—2019）、《建筑砂浆基本性能试验方法标准》（JGJ/T 70—2009）、《预拌砂浆应用技术规程》（JGJ/T 223—2010）、《湿拌砂浆稳塑剂》（Q/FEM001—2019）为设计依据，由多种有机、无机保水增稠材料及缓凝剂等经高新技术制成，是能够控制湿拌砂浆硬化速度及其他性能指标的统一液体复合添加剂。

2. 产品特点

（1）超强的保塑功能，根据生产要求使砂浆可操作时间在 48 h 以内可调；

（2）砂浆与墙面黏结力好，明显降低砂浆的收缩变形，避免砂浆空鼓和开裂现象；

（3）砂浆施工上墙后正常凝固硬化，不用不干，即用即硬；

（4）和易性优、抗流挂性好，大幅度提高抹灰效率和机喷效率。

拓展笔记

任务实施（理实一体化）

1. 单选题

（1）空心砖含水率宜为（　　）。

A. 5% ~ 10%　　B. 10% ~ 15%

C. 15% ~ 20%　　D. 20% ~ 25%

（2）砌体工程雨期施工时，石灰膏熟化时间不少于（　　）天。

A. 3　　B. 5　　C. 7　　D. 10

2. 多选题

（1）砌体工程冬期施工的方法有哪些？（　　）

A. 外加剂法　　B. 冻结法

C. 振动法　　D. 暖棚法

（2）冻结法施工的砂浆砌体砌筑，一般要经过（　　）。

A. 加入外加剂　　B. 冻结

C. 融化　　D. 硬化

3. 判断题

（1）冻结法是指采用不掺加任何抗冻外加剂的普通水泥砂浆或混合砂浆进行施工砌筑的一种冬期施工方法。（　　）

（2）砌体工程雨期施工时，道路两旁要做好排水沟。（　　）

4. 客观题

（1）完成虚拟仿真中“行走课堂”实训任务。

（2）总结砌体工程雨期施工问题，并给出预防和处理措施。

5. 综合任务实施（理实一体化）

按照现有成套施工图，在教师的指导下分组编制完成一份砌体工程雨期施工方案（附页），施工方案应包含以下内容：① 编制依据、原则；② 工程概况；③ 总体布置及工期安排；④ 施工技术方案；⑤ 工期保证措施；⑥ 质量目标、保证体系及保证措施；⑦ 安全生产目标及保证措施；⑧ 季节性施工保证措施；⑨ 环境保护、文明施工。

任务5　砌筑工程的质量及安全技术

任务目标

- ➢ 掌握砌筑工程的质量要求；
- ➢ 掌握砌筑工程的安全技术。

任务描述

按照现有成套施工图，请编制一份常见砌体质量及安全技术工作方案。

知识链接

模块1　砌筑工程的质量要求

课程引入：砖砌体总的质量要求是“横平竖直，砂浆饱满，错缝搭接，接槎可靠”。

1. 主控项目

（1）砖的品种、强度等级必须符合设计要求。

（2）同品种、同强度等级砂浆各组试块抗压强度平均值不小于设计强度值，任一组试块的强度最低值不小于设计强度的75%。

（3）砌体砂浆必须密实饱满，砌块砌体竖向灰缝的砂浆饱满度不小于80%，砌块砌体水平灰缝的砂浆饱满度不小于90%。

（4）外墙转角处严禁留直槎，其他临时间断处留槎做法必须符合规定。

2. 一般项目

（1）砌体接槎处灰浆应密实，缝、砖平直。

（2）预埋拉筋的数量、长度均符合设计要求和施工规范的规定，留置间距偏差不超过一皮砖。

（3）构造柱留置正确，大马牙槎先退后进，上下顺直；残留砂浆清理干净。

（4）耐久性、和易性和保水性符合要求。

3. 质量保证措施

（1）皮数杆：其上应标明门窗洞口、混凝土圈梁、过梁等标高位置及尺寸，间距15 ~ 20 m。

皮数杆应垂直牢固，标高一致，立完后应复核。应严格按皮数杆高度控制，掌握铺灰厚度。

（2）根据皮数杆最下部的第一皮砖的要求拉通线检查，当水平灰缝厚度超过 20 mm 时，应用细石混凝土找平，不得用砌筑砂浆垫平。

（3）在走道线内侧立拉通线控制墙面顺直。

（4）对墙体表面的平整度和垂直度、灰缝的厚度和饱满度应随时检查，并应在砂浆初凝前用小锤或撬杠轻轻进行修正。在砌完每一楼层后，应校核墙体的轴线尺寸和标高，允许范围内的轴线及标高的偏差，可在楼板面上予以校正。

（5）为避免墙体沉降过大，每天砌筑高度不得超过一步架。

（6）施工中需要在砌体中设置的临时施工洞口，其侧边离交接处的墙面不应小于 600 mm，并在顶部设过梁；填砌施工洞口的砌筑砂浆强度等级应提高一级。

（7）圈梁、过梁混凝土浇筑前应将砌块、模板内的落地灰、砖渣、杂物清理干净，防止夹渣。

（8）机电管线安装：砌体部位管线从砌块中孔穿过，不允许破坏砌块。

（9）砌块的孔洞宜用砌块碎末拌以水泥、石膏及胶修补。需要移动已砌好的砌块或对被撞动的砌块进行修整时，应清除原有黏结材料，重新砌筑。

（10）砌体错缝应符合设计和规范的规定，按砌块排列组砌图施工。应注意砌块的规格并正确地组砌。

4. 砌体开裂原因分析及预防措施

（1）砌块龄期不足 28 d，使用了断裂的小砌块，与其他块材混砌，砂浆不饱满，砌块含水率过大（砌筑前一般不需浇水）等。

（2）填充墙与梁、板底交接处易出现水平裂缝：原因是未按要求间隔 7 d 补砌，未按要求补砌挤紧。

（3）墙体顶面不平直：砌到顶部时不好使线，墙体容易里出外进，应在梁底或板底弹出墙边线，认真按线砌筑，以保证墙体顶部平直通顺。

（4）墙体剔凿：预留孔洞、预埋件应砌筑时预留、预埋。防止事后剔凿，以免影响质量。

拓展笔记

模块 2 砌筑工程的安全与防护措施

1. 安全防护措施

（1）各种施工、操作人员须经安全培训，不得无证上岗，各种作业人员应佩戴相应的安全防护用具和劳保用品。严禁操作人员违章作业，管理人员违章指挥。

（2）施工中所用机械、电器设备必须达到国家安全防护标准。

（3）砌筑使用的脚手架，未经交接验收不得使用，验收使用后不准随便拆改或移动。

（4）采用里脚手架砌墙时，不得站在墙上清扫墙面和检查大角垂直等作业，不得在刚砌好的墙上行走。

（5）地面上的配合人员应注意安全，尽量减少在砌筑操作人员下方的活动，防止上部坠物伤人。

（6）脚手架上堆放料量不得超过规定荷载（均布荷载每平米不得超过 2 kN，集中荷载不超过 1.5 kN）。

（7）使用外用电梯运输时，注意不要超过电梯荷载允许值，运送到相应楼层后，离开电梯时应及时关闭楼层的安全防护门。

2. 成品保护措施

（1）砌块在装运过程中，应轻装轻放，避免损坏，严禁抛掷和倾倒。应尽量减少二次倒运。现场存放砌块的场地应夯实、平整，不积水，进场后应按品种、规格分别堆放整齐，堆置高度不宜超过 2 m。砌块应防止雨淋。

（2）不得站在刚砌好的墙上进行其他操作，不得碰撞墙体或斜放其他材料。

（3）砌筑的落地砂浆要随时清理，防止污染地面，减少后续清理工作量。

对暖卫、电气管线及其他预埋件，应注意保护，不得碰撞损坏。当专业管线的改动不可避免时，不能人工剔凿，必须用开槽机切槽。任何墙体的开槽都必须征得总包的同意，不能随意施工。

（4）在砖墙上支撑圈梁模板时，防止撞动最上一皮砖。

（5）砌筑、支模时应保护钢筋不受扰动。

（6）支完模板后，应保持模内清洁，防止掉入砖头、石子、木楔等杂物。

（7）手推车应平稳行驶，防止碰撞墙体。

（8）墙上不得放脚手架，防止发生事故。

（9）拆除施工架子时，注意保护墙体及门窗口角。

拓展笔记

任务实施（理实一体化）

1. 单选题

（1）砌块砌体水平灰缝的砂浆饱满度不小于（　　）。

A. 90%　　B. 70%　　C. 60%　　D. 50%

（2）砌块进场后应按品种、规格分别堆放整齐，堆置高度不宜超过（　　）。

A. 4 m　　B. 3 m　　C. 2 m　　D. 1 m

2. 多选题

（1）对墙体表面的（　　），灰缝的厚度和饱满度应随时检查。

A. 斜度　　B. 平整度　　C. 垂直度　　D. 灰缝厚度

（2）检查墙体平整度使用的工具有（　　）。

A. 靠尺　　B. 拖线板　　C. 塞尺　　D. 百格网

3. 判断题

（1）砌体接槎处灰浆应密实，缝、砖平直。（　　）

（2）构造柱留置正确，大马牙槎先退后进，上下顺直。（　　）

（3）拆除施工架子时，注意保护墙体及门窗口角。（　　）

4. 客观题

（1）完成虚拟仿真中“行走课堂”实训任务。

（2）总结砌体工程质量和安全防护措施。

5. 综合任务实施（理实一体化）

按照现有成套施工图，在教师的指导下分组编制完成一份常见砌体质量及安全技术工作方案。

评价反馈

<table>
<tr><td>项目</td><td colspan="2">项目要求</td><td>自评得分</td><td>小组得分</td></tr>
<tr><td rowspan="5">素养
（20分）</td><td rowspan="3">纪律情况
（10分）</td><td>不迟到、不早退</td><td></td><td rowspan="5"></td></tr>
<tr><td>遵守课堂纪律</td><td></td></tr>
<tr><td>积极思考回答问题</td><td></td></tr>
<tr><td rowspan="2">职业道德
（10分）</td><td>团队合作</td><td></td></tr>
<tr><td>精益求精</td><td></td></tr>
<tr><td rowspan="3">核心技术
（60分）</td><td rowspan="2">施工要点
（20分）</td><td>能描述施工要点</td><td></td><td rowspan="3"></td></tr>
<tr><td>能完成施工相关题目</td><td></td></tr>
<tr><td>施工方案
（40分）</td><td>能编制施工方案</td><td></td></tr>
<tr><td rowspan="4">工作页完成情况
（20分）</td><td colspan="2">笔记重难点突出</td><td></td><td rowspan="4"></td></tr>
<tr><td colspan="2">任务实施部分完成度</td><td></td></tr>
<tr><td colspan="2">客观题回答精准</td><td></td></tr>
<tr><td colspan="2">施工方案编写规范</td><td></td></tr>
<tr><td colspan="3">教师评价（100分）</td><td colspan="2"></td></tr>
</table>

<table>
<tr><td>个人评价小结及反馈</td><td colspan="3">

年　　月　　日</td></tr>
<tr><td>学生</td><td></td><td>教师</td><td></td></tr>
</table>

项目4 混凝土工程施工

学习目标

通过本项目的学习，使学生掌握混凝土结构的施工方法和质量控制方法；掌握混凝土结构的质量验收标准及检测方法；能进行模板设计；能编制混凝土结构工程施工专项方案并能指导施工；能进行混凝土结构工程施工质量控制及验收；能进行混凝土结构工程施工技术交底；能编制混凝土结构工程常见质量通病防治措施及处理方案。

学习重点

1. 混凝土结构的施工方法和质量控制方法；
2. 混凝土结构的质量验收标准及检测方法；
3. 能编制混凝土结构工程施工专项方案并能指导施工。

学习难点

1. 编制混凝土结构工程施工专项方案；
2. 混凝土结构工程施工技术交底；
3. 编制混凝土结构工程常见质量通病防治措施及处理方案。

任务1　模板工程

任务目标

- 掌握模板工程施工工艺；
- 能进行模板设计；
- 能顺利完成简单构件模板支设工种技能操作；
- 掌握模板拆除顺序及注意事项。

任务描述

模板工程是混凝土工程的重要组成部分，占其总价的20%～30%，劳动量的30%～40%，工期的50%左右，决定着混凝土工程的施工方法和施工机械的选择，直接影响工期和造价。请编制一份大模板设计方案。

知识链接

模块1　木模板

课程引入：现浇混凝土结构工程施工用模板系统，主要由面板、支撑结构和连接件三部分组成。在组织模板施工前，必须做好模板施工组织设计，制订合理的模板设计方案，实行科学管理，保证质量并取得经济效益。

1. 基础模板

阶梯形基础模板（图4-1-1）由四块侧板拼钉而成，其中两块侧板的尺寸与相应的台阶侧面尺寸相等，另两块侧板长度应比相应的台阶侧面长度大150～200 mm，高度与其相等。安装时要保证上、下模板不发生相对位移。

模板工程施工工艺

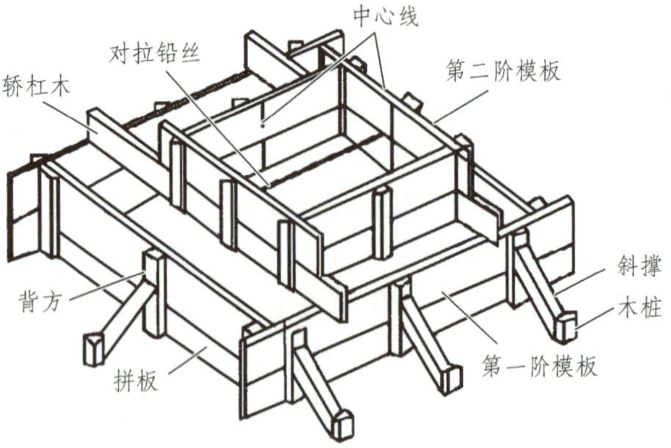

图4-1-1　阶梯形基础模板

2. 柱子模板

柱模板（图 4-1-2）由两块相对的内拼板、两块相对的外拼板和柱箍组成。拼板上端应根据实际情况开有与梁模板连接的缺口，底部开有清理孔，沿高度每隔 2 m 开有浇筑孔。

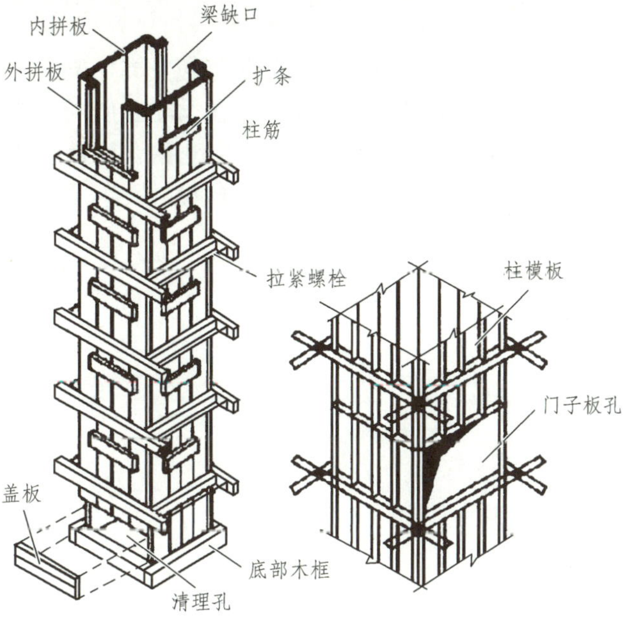

图 4-1-2　柱模板

3. 梁模板

梁模板是指砖混和框架结构每层的独立梁和砖墙上的圈梁模板，其特点是跨度大、宽度小而高度大，构件截面小，数量多，布置零星分散。梁模板主要由底模板、侧模板、夹木及支撑系统组成，如图 4-1-3 所示。

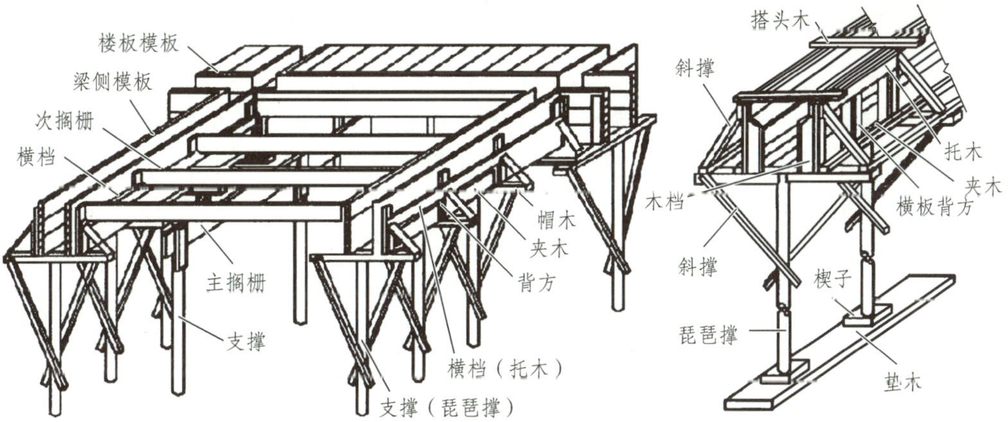

图 4-1-3　梁及楼板模板

梁底板下用顶撑支设，顶撑间距视梁的断面大小而定，一般为 0.8 ~ 1.2 m，顶撑之间应设水平拉杆和剪刀撑，使之互相拉撑成为一整体，当水平拉杆沿竖向间距不大于 2 m 时，为确保顶撑支设的坚实，应在用混凝土硬化的地面上设置垫板和楔子。当梁的跨度超过 4 m 时，梁模板的跨中要起拱，起拱高度由设计确定，一般为梁跨度的 1‰ ~ 3‰。

4. 板模板

楼板的面积大而厚度比较薄，侧向压力小。楼板模板及其支架系统，主要承受混凝土的自重垂直荷载和其他施工荷载，保证模板不变形。如图 4-1-3 所示，楼板模板的底模用木板拼成，铺设在楞木上，楞木搁置在梁模板外的托木上。当楞木的跨度较大时，中间应加设立柱。立柱上钉通长的杠木，底模板应垂直于楞木方向铺设。

拓展笔记

模块 2 组合钢模板

定型组合钢模板是一种工具式定型模板，由钢模板和配件组成，配件包括连接件和支承件。

1. 钢模板

钢模板有通用模板和专用模板两类。通用模板包括平面模板、阴角模板、阳角模板和连接角模，如图 4-1-4 所示。为了便于连接，边框上有连接孔，在边框的长向及短向其孔距均一致，以便横竖都能连接。

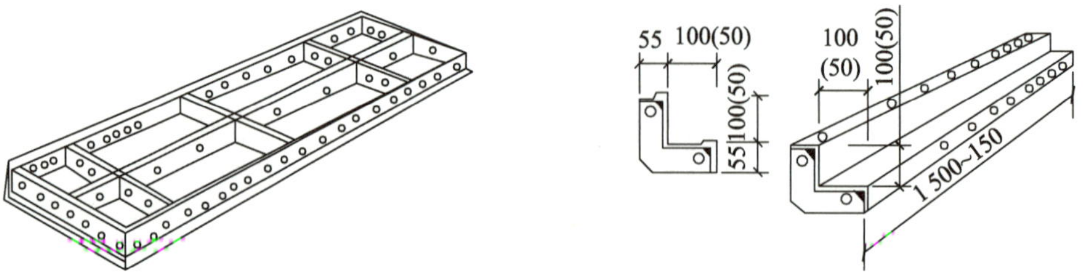

（a）（b）

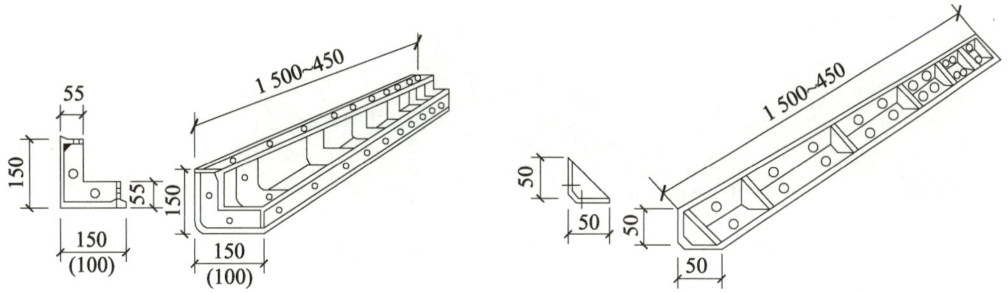

（c）　　　　　　　　　　　　　　（d）

图 4-1-4　钢模板类型（单位：mm）

2. 连接件

定型组合钢模板连接件包括 U 形卡、L 形插销、钩头螺栓、对拉螺栓、紧固螺栓、扣件等。U 形卡用于钢模板与钢模板间的拼接，其安装间距一般不大于 300 mm，即每隔一孔卡插一个，安装方向一顺一倒相互错开。L 形插销用于两个钢模板端肋与端肋连接。

3. 支承件

定型组合钢模板的支承件包括柱箍梁托架、钢楞、桁架、钢管顶撑及钢管支架等。柱箍可用角钢、槽钢制作，也可以采用钢管及扣件组成。梁托架可用钢管或角钢制作，其高度为 500 ~ 800 mm，宽度达 600 mm，可根据梁的截面尺寸进行调整，高度较大的梁，可用对拉螺栓或斜撑固定两边侧模。钢管支架由钢管及扣件组成，支架横杆步距为 1 000 ~ 1 800 mm。

拓展笔记

模块 3　大模板

大模板（图 4-1-5）是一种现浇混凝土墙体的大型工具式模板，常用于剪力墙、筒体、桥墩的施工。一般配以相应的起重吊装机械，通过合理的施工组织安排，以机械化施工方式在现场浇筑混凝土竖向结构构件。大模板由面板、加劲肋、竖楞、支撑桁架、稳定机构和操作平台、穿墙螺栓等组成。

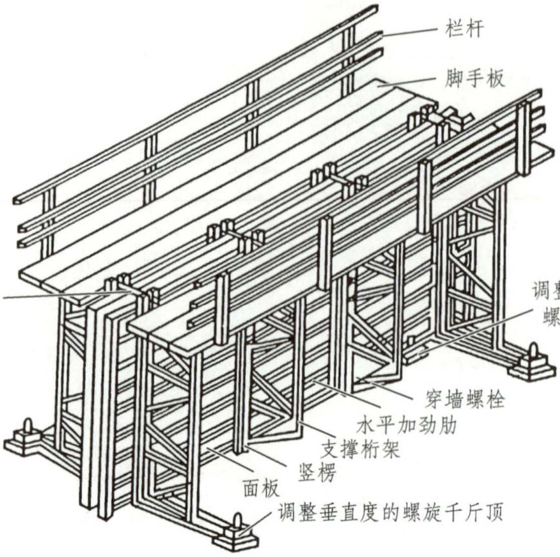

图 4-1-5　大模板的构造

面板是直接与混凝土接触的部分，要求平整、刚度好，通常采用钢面板和胶合板面板。钢面板由 4 ~ 6 mm 厚的钢板制成，胶合板面板厚 12 ~ 18 mm。

加劲肋的作用是固定面板，阻止其变形并把混凝土传来的侧压力传递到竖楞上，加劲肋可做成水平肋或垂直肋。加劲肋一般采用 6 号或 8 号槽钢，肋的间距一般为 300 ~ 500 mm。

竖楞是与加劲肋相连接的竖直构件，其作用是加强大模板的整体刚度，承受模板传来的混凝土侧压力并作为穿墙螺栓的支点。竖楞一般采用 6 号或 8 号槽钢制作，间距一般为 1.0 ~ 1.2 m。

支撑桁架通过螺栓或焊接与竖楞连接在一起，其作用是承受风荷载等水平力，防止大模板倾覆。桁架上部可搭设操作平台。

稳定机构是在大模板两端桁架底部伸出的支腿上设置的可调整螺旋千斤顶。

穿墙螺栓的作用是控制模板间距，承受新浇混凝土的侧压力，并能加强模板刚度。为了避免穿墙螺栓与混凝土黏结，在穿墙螺栓外边套一根硬塑料管，其长度为墙体宽度。穿墙螺栓一般设置在大模板的上、中、下三个部位，上穿墙螺栓距模板顶部 250 mm 左右，下穿墙螺栓距模板底部 200 mm。

拓展笔记

模块 4　早拆模板

早拆体系模板（图 4-1-6）就是通过合理地支设模板，将较大跨度的楼盖，通过增加支承点，缩小楼盖的跨度，达到“早拆模板，后拆支柱”的目的。这样，可使龙骨和模板的周转加快。模板一次配置量可减少 1/3 ~ 1/2。

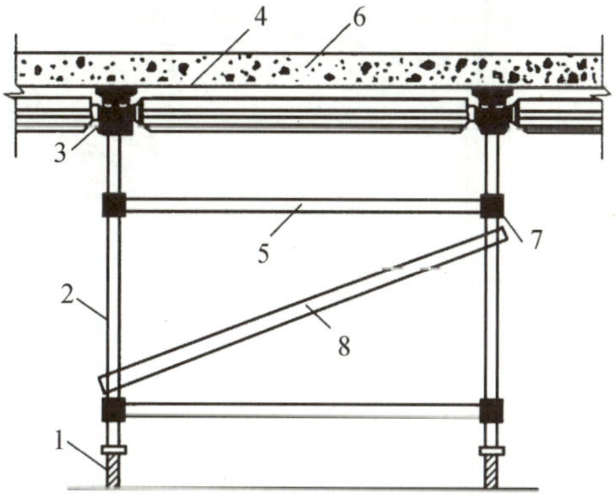

1—底脚螺栓；2—支柱；3—早拆柱头；4—主梁；5—水平支撑；
6—现浇楼板；7—梅花接头；8—斜撑。

图 4-1-6　支撑系统示意图

承插型盘扣式钢管模板支架结合独立支撑早拆体系施工工法

拓展笔记

模块 5　滑升模板

滑升模板（图 4-1-7）由模板系统、操作平台系统和提升机具系统三部分组成。

在建筑物或构筑物底部，沿其墙、柱、梁等构件的周边组装高 1.2 m 左右的模板，随着模板内不断浇筑混凝土和不断向上绑扎钢筋的同时，利用提升设备，将模板装置不断向上提升，使混凝土连续成型，直到需要浇筑的高度。

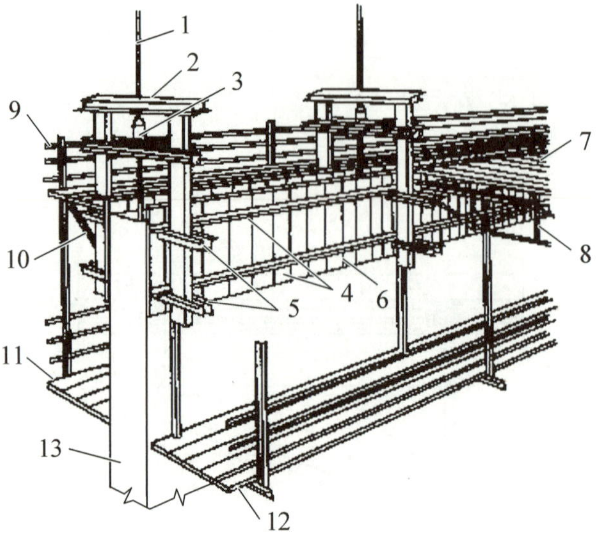

1—支承杆；2—提升架；3—液压千斤顶；4—围圈；5—围圈支托；6—模板；7—操作平台；
8—平台桁架；9—栏杆；10—外排三脚架；11—外吊脚手；
12—内吊脚手；13—混凝土墙体。

图 4-1-7　滑升模板组成示意图

拓展笔记

模块 6　其他形式的模板

1. 台　模

台模是浇筑混凝土楼板的一种大型工具式模板。在施工中可以整体脱模和转运，利用起重机从浇筑完的楼板下吊出，转移至上一楼层，中途不再落地，以免造成施工场地紧张，因此也称“飞模”。台模由台面、支架、支腿、调节装置、行走轮等组成。

2. 隧道模

隧道模采用由墙面模板和楼板模板组合成可以同时浇筑墙体和楼板混凝土的大型工具式模板，能将各开间沿水平方向逐间整体浇筑，故施工的建筑物整体性、抗震性能好，节约模板材料，施工方便。

3. 永久性模板

永久性模板又称一次消耗模板，即在现浇混凝土结构浇筑后不再拆除，有的模板与现浇结构叠合成共同受力构件。永久性模板分为压型钢板和配筋的混凝土薄板两种，多用于现浇钢筋混凝土楼面板，永久性模板简化了现浇结构的支模工艺，改善了劳动条件，节约了拆模用工，加快了工程进度，提高了工程质量。

拓展笔记

模块 7　模板设计

模板及其支架应具有足够的承载能力、刚度和稳定性，能可靠地承受浇筑混凝土的重量、侧压力以及施工荷载。

1. 模板及支架的设计规定

（1）模板及支架的结构设计宜采用以分项系数表达的极限状态设计方法；

（2）模板及支架的结构分析中所采用的计算假定和分析模型，应有理论或试验依据，或经工程验证可行；

（3）模板及支架应根据施工过程中各种受力工况进行结构分析，并确定其最不利的作用效应组合；

（4）承载力计算应采用荷载基本组合；变形验算可仅采用永久荷载标准值。

2. 模板设计的荷载组合

（1）模板及支架设计时，应根据实际情况计算不同工况下的各项荷载及其组合。模板及支架承载力计算的各项荷载可按表 4-1-1 确定，并应采用最不利的荷载基本组合进行设计。

表 4-1-1　参与模板及支架承载力计算的各项荷载

计算内容		参与荷载项
模板	底面模板的承载力	$G_1+G_2+G_3+Q_1$
	侧面模板的承载力	G_4+Q_2
支架	支架水平杆及节点的承载力	$G_1+G_2+G_3+Q_1$
	立杆的承载力	$G_1+G_2+G_3+Q_1+Q_4$
	支架结构的整体稳定	$G_1+G_2+G_3+Q_1+Q_3$ $G_1+G_2+G_3+Q_1+Q_4$

注：表中的“+”仅表示各项荷载参与组合，而不表示代数相加。

（2）验算模板及支架的刚度时允许的变形值：结构表面外露的模板，为模板构件跨度的 1/400；结构表面隐蔽的模板，为模板构件跨度的 1/250；支架压缩变形值或弹性挠度，为相应结构自由跨度的 1/1 000。

（3）支架结构中钢构件的长细比不应超过表 4-1-2 规定的容许值。

表 4-1-2　支架结构中钢构件的容许长细比

构件类别	容许长细比
受压构件的支架立柱及桁架	180
受压构件的斜撑、剪刀撑	200
受拉构件的钢杆件	350

拓展笔记

模块 8　模板拆除

1. 拆除要求

混凝土成型后，经过一段时间的养护，当强度达到一定要求时，即可拆除模板。模板的拆除日期取决于混凝土硬化的快慢、各模板的用途、结构的性质及环境温度。及时拆模可提高模板周转率、加快工程进度，但若过早拆模，混凝土会变形、断裂，甚至造成重大质量事故。现浇结构的模板及支架的拆除，当设计无特殊要求时，应符合表 4-1-3 的规定。

表 4-1-3　现浇结构模板拆除要求

构件类型	构件跨度/m	达到设计的混凝土立方体抗压强度标准值的百分率/%
板	≤2	≥50
	>2，≤8	≥75
	>8	≥100
梁、柱、壳	≤8	≥75
	>8	≥100
悬臂构件	—	≥100

2. 拆模顺序

拆模应按一定的顺序进行，一般遵循“先支后拆、后支先拆”“先非承重部位、后承重部位”以及“自上而下”的原则。肋形楼板的拆模顺序：首先拆除柱模板，然后拆除楼板底模板、梁侧模板，最后拆除梁底模板。拆除跨度较大的梁底模板时，应从跨中开始分别拆向两端。

楼层板支柱的拆除应按下列要求进行：上层楼板正在浇筑混凝土时，下层楼板的模板支柱不得拆除，再下一层楼板模板的支柱仅可拆除一部分；跨度大于等于 4 m 的梁下均应保留支柱，其间距不大于 3 m。

拓展笔记

模块 9　模板工程施工质量检查验收

在浇筑混凝土之前，应对模板工程进行验收。检验批合格质量应符合下列规定：主控项目的质量经抽样检验合格；一般项目的质量经抽样检验合格；当采用计数检验时，除有专门要求外，一般项目的合格点率应达到 80%及以上，且不得有严重缺陷；具有完整的施工操作依据和质量验收记录。

1. 主控项目

（1）安装现浇结构的上层模板及其支架时，下层楼板应具有承受上层荷载的承载能力，或加设支架；上、下层支架的立柱应对准，并铺设垫板。检验方法：对照模板设计文件和施工技术方案观察，进行全数检查。

（2）在涂刷模板隔离剂时，不得沾污钢筋和混凝土接搓处。检验方法：全数观察检查。

（3）底模及其支架拆除时的混凝土强度应符合规范要求。检验方法：全数检查，检查同条件养护试件强度试验报告。

（4）后绕带模板的拆除和支顶应按施工技术方案执行。检验方法：全数观察检查。

2. 一般项目

（1）模板安装应满足下列要求并全数观察检查。

① 模板的接缝不应漏浆；在浇筑混凝土前，木模板应浇水湿润，但模板内不应有积水。

② 模板与混凝土的接触面应清理干净并涂刷隔离剂,但不得采用影响结构性能或妨碍装饰工程施工的隔离剂。

③ 浇筑混凝土前，模板内的杂物应清理干净。

④ 对清水混凝土工程及装饰混凝土工程，应使用能达到设计效果的模板。

（2）用作模板的地坪、胎模等应平整光洁，不得产生影响构件质量的下沉、裂缝、起砂或起鼓。检验方法：全数观察检查。

（3）对跨度不小于 4 m 的现浇钢筋混凝土梁、板，其模板应按设计要求起拱；当设计无具体要求时，起拱高度宜为跨度的 1/1 000 ~ 3/1 000。

检查数量：在同一检验批内，对梁应抽查构件数量的 10%，且不少于 3 件；对板应按有代表性的自然间抽查 10%，且不少于 3 间；对大空间结构，板可按纵、横轴线划分检查面，抽查 10%，且不少于 3 面。

检验方法：水准仪或拉线、钢尺检查。

（4）固定在模板上的预埋件、预留孔和预留洞均不得遗漏，且应安装牢固。现浇结构模板安装的允许偏差及检验方法应符合表 4-1-4 的规定。

表 4-1-4　现浇结构模板安装的允许偏差及检验方法

项目	允许偏差/mm	检验方法
轴线位置	5	钢尺检查
底模上表面标高	±5	水准仪或拉线、钢尺检查

续表

项目		允许偏差/mm	检验方法
截面内部尺寸	基础	±10	钢尺检查
	柱、墙、梁	+4，−5	钢尺检查
层高垂直度	≤5 m	6	经纬仪或吊线、钢尺检查
	>5 m	8	经纬仪或吊线、钢尺检查
相邻两板表面高低差		2	钢尺检查
表面平整度		5	2 m 靠尺和塞尺检查

注：检查轴线位置时，应沿纵、横两个方向量测，并取其中的较大值。

检查数量：在同一检验批内，对梁、柱和独立基础，应抽查构件数量的 10%，且不少于 3 件；对墙和板，应按有代表性的自然间抽查 10%，且不少于 3 间；对大空间结构，墙可按相邻轴线间高度 5 m 左右划分检查面，板可按纵、横轴线划分检查面，抽查 10%，且均不少于 3 面。

检验方法：钢尺检查。

拓展笔记

新技术应用（新技术、新工艺、新材料、新设备）

剪力墙模板免开孔工艺

1. 模板创新工艺

该工艺可实现免开孔，降本增效。通过整张木模板之间横纵拼缝的板条安装及开螺栓孔，配合使用五段式螺栓加固，在阴阳角处安装木方并用槽钢、钢管进行整体加固，实现了整张木模板竖向不需开孔，避免对整张模板的破坏。

2. 工序流程

如图 4-1-8 所示，模板短条按螺栓尺寸和间距用气泵空压机等间距钉在模板上→安装底层模板→安装五段式螺栓和接头→安装两侧模板及五段式螺栓和接头→板缝拼接处用模板条加固密封防止位移和漏浆→安装竖向槽钢→安装横向钢管。

图 4-1-8　剪力墙模板免开孔工艺流程

拓展笔记

任务实施（理实一体化）

1. 单选题

（1）柱模板须在底部留设清理孔，沿高度每（　　）开有混凝土浇筑孔和振捣孔。

A. 0.5 m　　B. 1 m　　C. 1.5 m　　D. 2 m

（2）当梁的跨度大于（　　）时，梁模板的跨中要起拱，起拱高度为梁跨度的 1‰ ~ 3‰。

A. 3 m　　B. 4 m　　C. 5 m　　D. 6 m

（3）跨度为 8 m 的梁构件，拆模强度应该达到设计强度的（　　）。

A. 50%　　B. 75%　　C. 90%　　D. 100%

（4）跨度小于 2 m 的板构件，拆模强度应该达到设计强度的（　　）。

A. 50%　　B. 75%　　C. 90%　　D. 100%

2. 多选题

（1）模板及支架应具有足够的（　　）。

A. 刚度　　B. 强度　　C. 稳定性　　D. 湿度

（2）模板拆除的一般顺序是（　　）。

A. 先支的先拆　　B. 先支的后拆

C. 后支的先拆　　D. 后支的后拆

3. 判断题

（1）模板系统包括模板和支架系统两大部分。（　　）

（2）穿墙螺栓作用是控制模板间距，承受新浇混凝土的侧压力，并能加强模板钢度。（　　）

（3）拆模时，模板及支架清运至指定地点，应及时加以清理、修理，按尺寸和种类分别堆放，以便下次使用。（　　）

4. 客观题

（1）完成虚拟仿真中“行走课堂”实训任务。

（2）总结大模板的施工要点。

5. 综合任务实施（理实一体化）

按照现有成套施工图，在教师的指导下分组编制完成一份模板施工方案（附页）。

任务2　钢筋工程

任务目标

- 掌握钢筋工程施工工艺；
- 能够正确计算钢筋下料长度；
- 能规范填写钢筋下料单；
- 能顺利完成钢筋加工和钢筋绑扎技能操作。

任务描述

在建筑工程中，钢筋工程属于分项工程。钢筋与混凝土结合形成建筑物结构体系，是工程施工的重中之重，而钢筋配料是钢筋工程施工的重要一环。请按照现有成套施工图，计算指定构件的钢筋下料长度并编制钢筋配料单。

知识链接

模块1　钢筋连接

课程引入： 钢筋的连接通常是指钢筋的接长，主要有绑扎搭接连接、焊接连接和机械连接3种方式。采用何种连接方式，应由设计确定，施工时应严格执行设计要求。

1. 钢筋绑扎连接

将相互搭接钢筋的中心和两端，用18～22号镀锌铁丝扎牢。HPB300级钢筋绑扎接头的末端应做180°弯钩，弯钩平直段长度不应小于$3d$，但作受压钢筋时可不做弯钩。钢筋绑扎连接如图4-2-1所示。

图4-2-1　钢筋绑扎搭接连接

绑扎搭接接头的要求：

（1）同一构件中相邻纵向受力钢筋的绑扎搭接接头宜相互错开；绑扎搭接接头中钢筋的横向净距s不应小于钢筋直径，且不应小于25 mm。

（2）位于同一连接区段内（钢筋搭接长度的 1.3 倍，如图 4-2-2 所示）的受拉钢筋搭接接头面积百分率：对于梁类、板类及墙类构件不宜大于 25%，对于柱类构件不宜大于 50%。

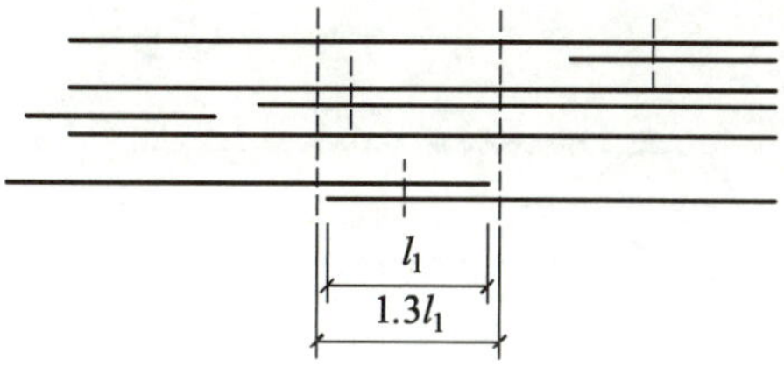

图 4-2-2　同一连接区段内纵向受拉钢筋的绑扎搭接接头

2. 钢筋焊接连接

钢筋连接采用焊接代替绑扎，可改善结构受力性能，提高工效，节约钢材，降低成本。钢筋焊接有闪光对焊、电弧焊、电渣压力焊、电阻点焊和气压焊等方式。

（1）闪光对焊：被广泛应用于钢筋纵向连接及预应力钢筋与螺丝端杆的焊接。热轧钢筋的焊接宜优先采用闪光对焊。根据钢筋级别、直径和所用焊机的功率不同，闪光对焊工艺可分为连续闪光焊、预热闪光焊、闪光—预热—闪光焊三种。

（2）电弧焊：利用弧焊机使焊条与焊件之间产生高温电弧，使焊条和电弧燃烧范围内的焊件熔化，待其凝固便形成焊缝或接头。电弧焊广泛用于钢筋接头与钢筋骨架焊接、装配式结构接头焊接、钢筋与钢板焊接及各种钢结构焊接。

（3）电渣压力焊：利用电流通过渣池产生的电阻热将钢筋端部熔化，然后施加压力使钢筋焊合。

（4）电阻点焊：用于小直径钢筋的交叉连接，可成型为钢筋网片或骨架，以代替人工绑扎。同人工绑扎相比较，电焊具有功效高、劳动力节约、成品整体性好、材料节约、成本低等优点。

（5）气压焊：利用乙炔、氧气混合气体燃烧的高温火焰，加热焊接钢筋的接合部，不待钢筋熔融使其高温下加压接合。

3. 钢筋机械连接

钢筋机械连接是通过连接件的机械咬合作用或钢筋端面的承压作用将两根钢筋端头连接在一起的连接方法。该方法作业效率高、连接可靠、能全天候作业，可分为套筒挤压连接、直螺纹套筒连接和锥螺纹套筒连接。

（1）套筒挤压连接：把两根待接带肋钢筋的端头先插入一个优质钢套筒，然后用挤压机在侧向加压，直至套筒发生塑性变形并与带肋钢筋紧密咬合，如图 4-2-3 所示。

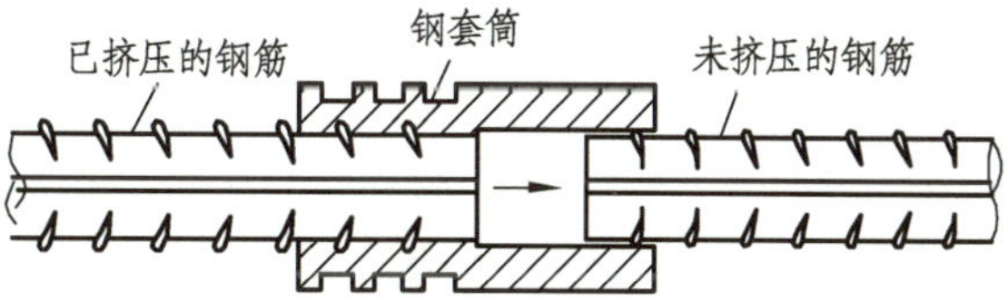

图 4-2-3　套筒挤压连接

（2）直螺纹套筒连接：将两根待连接的钢筋端加工成直螺纹，然后旋入带有直螺纹的套筒中，从而将两根钢筋连接成一体，如图 4-2-4 所示。

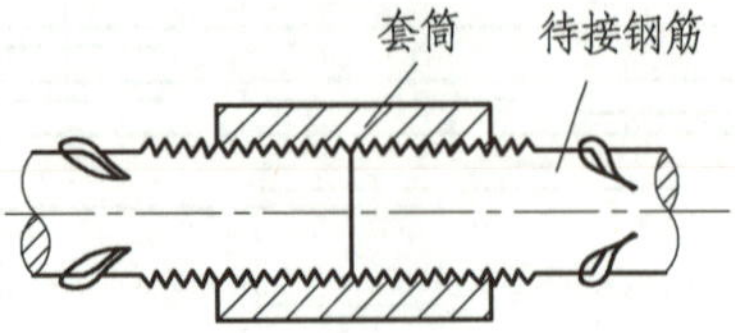

图 4-2-4　直螺纹套筒连接

（3）锥螺纹套筒连接：将待连接钢筋的对接端头，在钢筋套丝机上加工成与套筒匹配的锥螺纹，然后将带锥形内丝的套筒用扭力扳手按一定的力矩值把两根钢筋连接起来，通过钢筋与套筒内丝扣的机械咬合达到连接的目的，如图 4-2-5 所示。

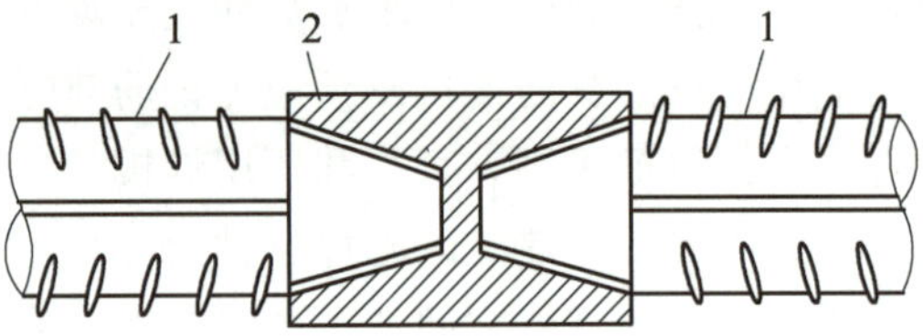

1—连接钢筋；2—锥螺纹套筒。

图 4-2-5　锥螺纹套筒连接

拓展笔记

模块 2　钢筋配料与代换

钢筋配料是根据构件配筋图，先绘出各种形状和规格的单根钢筋简图并加以编号，然后分别计算钢筋下料长度和根数，填写配料单，申请加工。钢筋配料是确定钢筋材料计划、进行钢筋加工的依据。

1. 钢筋下料

结构施工图中所指钢筋长度是钢筋外缘之间的长度，即外包尺寸，这是施工中量度钢筋长度的基本依据。钢筋因弯曲或弯钩会使其长度变化，在配料中不能直接根据图纸中尺寸下料。必须先了解对混凝土保护层、钢筋弯曲、弯钩等的规定，再根据图中尺寸计算其下料长度。

（1）钢筋弯曲调整值计算

① 混凝土保护层厚度：钢筋外缘至混凝土构件表面的距离，其作用是保护钢筋在混凝土结构中不受腐蚀。

② 量度差值（又称弯曲调整值）：钢筋弯曲后在弯曲处内皮缩短、外皮伸长、中心线长度不变，但钢筋长度的度量方法系指外包尺寸，因此，钢筋弯曲以后，存在一个量度差值，在计算下料长度时必须加以扣除。钢筋弯折各种角度时的弯曲调整值见表 4-2-1。

表 4-2-1　钢筋弯折各种角度时的弯曲调整值

弯折角度	30°	45°	60°	90°	135°
弯曲调整值 δ	$0.3d$	$0.55d$	$0.9d$	$2.29d$	$2.5d$

注：d 为钢筋直径。

钢筋弯曲 180°其每个弯钩长度增加值为 $6.25d$。

（2）钢筋下料长度计算

钢筋下料长度 = 直段长 + 斜段长 + 弯钩增长值 − 弯曲调整值

箍筋数量 =（构件长 − 两端保护层）÷ 箍筋间距 + 1

箍筋下料长度 = 箍筋周长 + 箍筋调整值

（3）钢筋配料单及料牌的填写

用表格的形式根据施工设计图纸标定钢筋的品种、规格、外形尺寸、数量及计算的下料长度进行编号。对每一编号的钢筋制作相应的标牌与标识，作为钢筋加工的依据。

2. 工程案例（课堂贯穿钢筋下料实例）

3. 钢筋代换

当施工中遇到钢筋品种或规格与设计要求不符时，应办理设计变更文件，征得设计单位同意后，可参照以下原则进行钢筋代换：

（1）等强度代换。不同种类的钢筋代换，按抗拉强度相等进行代换。

（2）等面积代换。相同种类和级别的钢筋代换，应按等面积进行代换。

拓展笔记

模块 3　钢筋的加工

钢筋的接长、钢筋骨架或钢筋网的成型应优先采用焊接或机械连接，如不能采用焊接或骨架过大过重不便于运输安装时，可采用绑扎的方法。

钢筋绑扎钢筋的交叉点应采用 20～22 号铁丝绑扎，绑扎不仅要牢固可靠，而且铁丝长度要适宜。板和墙的钢筋网，除靠近外围两行钢筋的交叉点全部扎牢外，中间部分交叉点可间隔交错绑扎，但必须保证受力钢筋不产生位置偏移。对双向受力钢筋，必须全部绑扎牢固。

梁和柱的箍筋，除设计有特殊要求外，应与受力钢筋垂直设置。箍筋弯钩叠合处，应沿受力钢筋方向错开设置。

在柱中竖向钢筋搭接时，角部钢筋的弯钩应与模板成 45°（对多边形柱应为模板内角的平分角，对圆形柱应与模板的切线垂直）；弯钩与模板的角度最小不得小于 15°。

拓展笔记

钢筋加工是指对经过质量检验符合质量规定标准的钢筋按配料单和料牌进行的钢筋制作，有调直、除锈、切断、弯曲等工作。

1. 钢筋的调直

钢筋在使用前必须经过调直，否则会影响钢筋受力，甚至会使混凝土提前产生裂缝；如未调直钢筋直接下料，会影响钢筋的下料长度，并影响后续工序的质量。

2. 钢筋的除锈

钢筋发生锈蚀时会削弱其截面面积，降低构件的承载能力，影响钢筋和混凝土共同工作的性能。除锈一般有两种方式：一是在钢筋冷拉或调直过程中除锈，这种方式对于大批量钢筋的除锈较为经济；二是用机械方法除锈，如采用电动除锈机除锈，这种方法多用于钢筋的局部除锈。此外，还可采用手工除锈、喷砂和酸洗除锈等方法。

3. 钢筋的切断

钢筋切断有手工切断、机械切断和氧气切割等 3 种方法。钢筋切断可采用手工切断器或钢筋切断机。手工切断器只用于切断直径小于 16 mm 的钢筋，机械切断机用于切断直径为 16 ~ 40 mm 的钢筋，氧气切割一般用于切割直径大于 40 mm 的钢筋。切断时根据下料长度统一排料，先断长料，后断短料，减少短头，减少损耗。

4. 钢筋的弯曲

钢筋的弯曲成型是指将已切断、配好的钢筋，按图纸规定的要求，准确地加工成规定的形状尺寸。

钢筋的弯曲成型有手工弯曲和机械弯曲两种方法。其中，手工弯曲所需设备简单、操作简便，在工地经常使用；机械弯曲使用钢筋弯曲机，可将钢筋弯曲成各种形状和角度，成型准确且效率高。

拓展笔记

模块 5　钢筋工程施工质量检查验收方法

钢筋工程属于隐蔽工程，浇筑混凝土之前，应进行钢筋隐蔽工程验收。隐蔽工程验收应包括下列主要内容：

（1）纵向受力钢筋的牌号、规格、数量、位置；

（2）钢筋的连接方式、接头位置、接头质量、接头面积百分率、搭接长度、锚固方式及锚固长度；

（3）箍筋、横向钢筋的牌号、规格、数量、间距、位置，箍筋弯钩的弯折角度及平直段长度；

（4）预埋件的规格、数量和位置。

钢筋加工和安装位置偏差应符合表 4-2-2、表 4-2-3 的规定。

表 4-2-2　钢筋加工的允许偏差

项目	允许偏差/mm
受力钢筋顺长度方向全长的净尺寸	±10
弯起钢筋的弯折位置	±20
箍筋内净尺寸	±5

表 4-2-3　钢筋安装位置允许偏差和检验方法

<table>
<tr><th colspan="3">项目</th><th>允许偏差/mm</th><th>检验方法</th></tr>
<tr><td rowspan="2">绑扎钢筋网</td><td colspan="2">长、宽</td><td>±10</td><td>钢尺检查</td></tr>
<tr><td colspan="2">网眼尺寸</td><td>±20</td><td>钢尺量连续三档，取其最大值</td></tr>
<tr><td rowspan="2">绑扎钢筋骨架</td><td colspan="2">长</td><td>±10</td><td>钢尺检查</td></tr>
<tr><td colspan="2">宽、高</td><td>±5</td><td>钢尺检查</td></tr>
<tr><td rowspan="5">受力钢筋</td><td colspan="2">间距</td><td>±10</td><td rowspan="2">钢尺量两端、中间各一点，取其最大值</td></tr>
<tr><td colspan="2">排距</td><td>±5</td></tr>
<tr><td rowspan="3">保护层厚度</td><td>基础</td><td>±10</td><td>钢尺检查</td></tr>
<tr><td>梁、柱</td><td>±5</td><td>钢尺检查</td></tr>
<tr><td>墙、板、壳</td><td>±3</td><td>钢尺检查</td></tr>
<tr><td colspan="3">绑扎箍筋、横向钢筋间距</td><td>±20</td><td>钢尺量连续三档，取其最大值</td></tr>
<tr><td colspan="3">钢筋弯起点位置</td><td>20</td><td>钢尺检查</td></tr>
<tr><td rowspan="2">预埋件</td><td colspan="2">中心线位置</td><td>5</td><td>钢尺检查</td></tr>
<tr><td colspan="2">水平高差</td><td>+3，0</td><td>钢尺和塞尺检查</td></tr>
</table>

拓展笔记

新技术应用（新技术、新工艺、新材料、新设备）

植筋施工

钢筋植筋施工工艺

植筋技术是在需连接的旧混凝土构件上根据结构的受力特点，确定钢筋的数量、规格、位置，在旧构件上经过钻孔、清孔、注入植筋黏结剂，再插入所需钢筋，使钢筋与混凝土通过结构胶黏结在一起，然后浇筑新混凝土，从而完成新旧钢筋混凝土的有效连接，达到共同作用、整体受力的目的。

由于在钢筋混凝土结构上植筋锚固已不必再进行大量的开凿挖洞，而只需在植筋部位钻孔后，利用化学锚固剂作为钢筋与混凝土的黏合剂就能保证钢筋与混凝土的良好黏接，从而减轻对原有结构构件的损伤，也减少了加固改造工程的工程量，又因植筋胶对钢筋的锚固力，使锚杆与基材有效地锚固在一起，产生的黏接强度与机械咬合力承受受拉载荷，当植筋达到一定的锚固深度后，植入的钢筋就具有很强的抗拉力，从而保证了锚固强度。作为一种新型的加固技术，植筋方法具有工艺简单、工期短、造价省、操作方便、劳动强度低、质量易保证等优点，适用于竖直孔、水平孔，倒垂孔，因此被广泛应用于建筑结构加固及混凝土的补强工程中。

植筋施工工艺流程：弹线定位→钻孔→清孔→钢筋处理→注胶→植筋→固化养护→检验→绑钢筋浇筑混凝土。

拓展笔记

任务实施（理实一体化）

1. 单选题

（1）以下哪一项不是现浇混凝土结构钢筋的连接方式？（　　）

A. 绑扎连接　　B. 焊接连接　　C. 机械连接　　D. 注胶套筒连接

（2）直径大于（　　）以上的钢筋，应优先采用焊接接头或机械连接接头。

A. 10 mm　　B. 12 mm　　C. 16 mm　　D. 18 mm

（3）闪光对接焊主要用于（　　）。

A. 钢筋网的连接　　B. 钢筋搭接

C. 竖向钢筋的连接　　D. 水平向钢筋的连接

2. 多选题

（1）钢筋的焊接有哪些方式？（　　）

A. 闪光对焊　　B. 电弧焊　　C. 电渣压力焊　　D. 电阻点焊

（2）以下哪些连接方式为钢筋的机械连接？（　　）

A. 套筒挤压连接　　B. 锥形螺纹套筒连接

C. 直螺纹套筒连接　　D. 剥肋滚压直螺纹连接

3. 判断题

（1）为了便于运输，6 ~ 9 mm 的钢筋常卷成圆盘，大于 12 mm 的钢筋则轧成 6 ~ 12 m 长的直条。（　　）

（2）钢筋接头宜设置在受力较大处，同一根钢筋不宜设置 2 个以上接头，同一构件中的纵向受力钢筋接头宜相互错开。（　　）

4. 综合任务实施（理实一体化）

某建筑物共有 10 根编号为 L1 的简支梁，梁配筋如图 4-2-6 所示，梁混凝土钢筋保护层厚度取 25 mm，箍筋为 90°弯钩，试编制该梁的钢筋配料单。

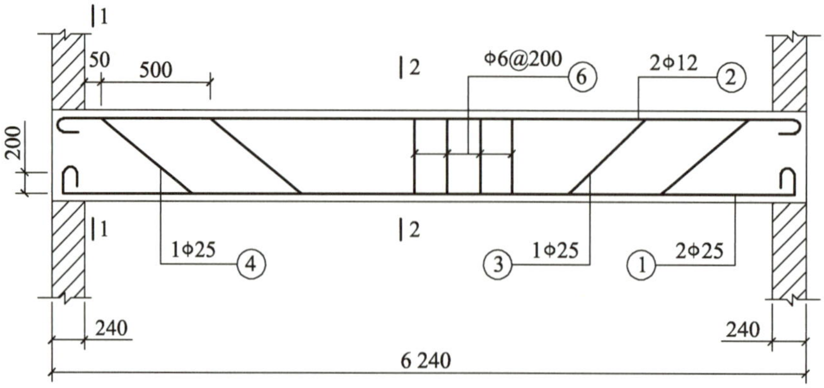

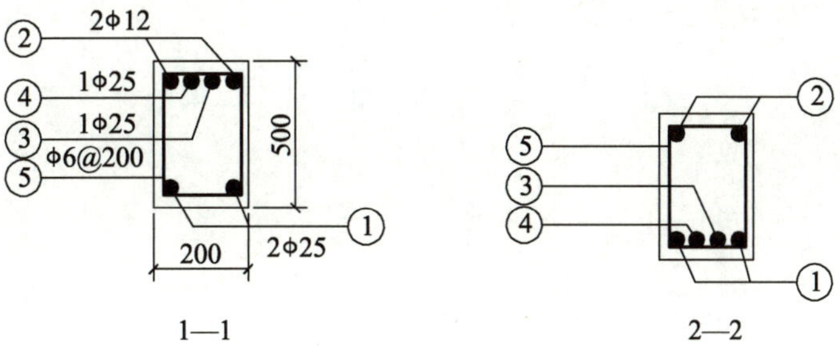

图 4-2-6　简支梁 L1（共 10 根）（单位：mm）

任务3　混凝土工程

任务目标

- 掌握混凝土结构的施工方法和质量控制方法；
- 掌握混凝土结构的质量验收标准及检测方法；
- 能编制混凝土结构工程施工专项方案并能指导施工；
- 能进行混凝土结构工程施工技术交底。

任务描述

混凝土结构工程在建筑施工中，工程量大、工期较长，且需要的设备、工具多，施工中稍有不慎，就会造成质量安全事故。因此必须根据工程的建筑特征、场地条件、施工条件、技术要求和安全生产需要，拟定安全技术措施，预防可能发生的质量安全事故。请按照现有成套施工图，编制一份混凝土工程施工方案。

知识链接

模块1　混凝土的制备

课程引入：混凝土工程包括混凝土的制备、运输、浇筑、振捣和养护等施工过程，各个施工过程相互联系和影响。因此，对施工中的各个环节必须严格按照规范要求进行施工，以确保混凝土的工程质量。

1. 混凝土的施工配合比

混凝土
工程工艺

混凝土实验室设计配合比是根据完全干燥的砂、石骨料制定的，而施工现场砂、石骨料含水，应及时测定含水量，并将混凝土实验室配合比换算成砂、石骨料在实际含水量情况下的施工配合比。方法如下：

设混凝土实验室配合比为水泥：砂子：石子＝1：x：y，并测得砂子的含水量为ω_x，石子的含水量为ω_y，则施工配合比应为1：$x(1+\omega_x)$：$y(1+\omega_y)$。按实验室配合比1 m^3混凝土的水泥用量为C（kg），计算时确保混凝土水灰比（W/C）不变（W为用水量），则换算后材料用量为

水泥：$C'=C$

砂子：$C_{砂}=C_x(1+\omega_x)$

石子：$C_{石}=C_y(1+\omega_y)$

水：$W'=W-C_x\omega_x-C_y\omega_y$

2. 混凝土搅拌

混凝土搅拌，是将水、水泥和粗细骨料进行均匀拌和的过程。同时，通过搅拌还要使材料达到强化、塑化的作用。混凝土制备可分为现场搅拌混凝土和预拌混凝土两种方式。有条件的情况下，尽量采用预拌混凝土，没有条件采用预拌混凝土时，可根据施工现场条件采用搅拌机搅拌。

（1）搅拌机的选择

混凝土搅拌机按搅拌原理不同，可分为自落式搅拌机和强制式搅拌机两类。自落式搅拌机多用于搅拌塑性混凝土和低流动性混凝土，适用于施工现场；强制式搅拌机主要用于搅拌干硬性混凝土和轻骨料混凝土，一般用于混凝土预制厂或混凝土集中搅拌站。

（2）混凝土搅拌

为拌制出均匀优质的混凝土，除正确地选择搅拌机的类型外，还必须合理制定搅拌制度，其内容包括进料容量、搅拌时间和投料方法等。

① 进料容量

出料容量：也称公称容量，是指搅拌机每次从搅拌筒内可卸出的最大混凝土体积。

进料容量：是指搅拌前搅拌筒可容纳的各种原材料的累计体积。

几何容量：是指搅拌筒内的几何容积。

② 搅拌时间

搅拌时间是指从全部材料投入搅拌筒算起到开始卸料为止所经历的时间。它是影响混凝土质量及搅拌机生产率的一个主要因素。

混凝土搅拌的最短时间如表 4-3-1 所示。

表 4-3-1　混凝土搅拌的最短时间　　单位：s

混凝土坍落度/mm	搅拌机类型	搅拌机出料量/L		
		<250	250 ~ 500	>500
≤30	强制式	60	90	120
	自落式	90	120	150
>30	强制式	60	60	90
	自落式	90	90	120

③ 投料方法

常用的投料方法有一次投料法、二次投料法和水泥裹砂法等三种。

一次投料法的投料顺序是把水泥夹在石子和砂子之间，上料时水泥不致飞扬，而且水泥也不致粘在料斗底和鼓筒上。上料时水泥和砂先进入筒内形成水泥浆，缩短了包裹石子的过程，能提高搅拌机的生产率。

二次投料法分为预拌水泥砂浆法和预拌水泥净浆法。国内外的试验表明，二次投料法搅拌的混凝土与一次投料法相比较，混凝土强度可提高约 15%，在强度等级相同的情况下，可节约水泥 15% ~ 20%。

水泥裹砂法拌制的混凝土与一次投料法相比较，强度可提高 20% ~ 30%，混凝土不易产生离析现象，且泌水较少。

拓展笔记

模块 2　混凝土的运输

1. 对混凝土运输的要求

混凝土自搅拌机中卸出后，应及时运至浇筑地点。为保证混凝土的质量，对混凝土运输的基本要求主要有以下几点：

（1）混凝土运输过程中要能保持良好的均匀性，即不离析、不漏浆。

（2）确保混凝土具有设计配合比所规定的坍落度。

（3）保证混凝土在初凝前浇入模板并捣实完毕。

（4）确保混凝土浇筑能连续进行。

混凝土搅拌站
智慧化及生产工艺

2. 混凝土运输工具

（1）地面运输工具。混凝土运距较远时，一般采用搅拌运输车，也可用自卸汽车；运距较近时，一般采用机动翻斗车或手推车。

（2）垂直运输工具。主要运输工具有井架运输机、塔式起重机、施工电梯、混凝土提升机等。

（3）楼面运输工具。主要运输工具有手推车、皮带运输机、塔式起重机和混凝土泵等。

3. 运输时间

为确保混凝土的质量，混凝土应以最少的运输次数和最短的时间从搅拌点运至浇筑地点，并在初凝前浇筑完毕。混凝土从搅拌机中卸出后到浇筑完毕的延续时间不超过表 4-3-2 的规定。

表 4-3-2　混凝土从搅拌机中卸出后到浇筑完毕的延续时间　　　单位：min

混凝土强度等级	气温		混凝土强度等级	气温	
	<25 °C	≥25 °C		<25 °C	≥25 °C
≤C30	120	90	>C30	90	60

拓展笔记

模块 3　混凝土的浇筑

混凝土的浇筑成型工作包括布料、摊平、捣实和抹面修整等工序。混凝土的浇筑成型工作对混凝土的密实性、耐久性、结构整体性和外形准确性等都有重要影响。

1. 混凝土浇筑准备工作和一般规定

（1）混凝土浇筑前的准备工作

① 模板检查。

② 钢筋检查。

（2）混凝土浇筑的一般规定

① 混凝土浇筑前不应发生初凝和离析现象。混凝土运至现场后，其坍落度应满足表 4-3-3 的要求。

表 4-3-3　混凝土浇筑时的坍落度

序号	结构种类	坍落度/mm
1	基础或地面等的垫层、无配筋的大体积结构（挡土墙、基础等）或配筋稀疏的结构	10 ~ 30
2	板、梁、大型及中型截面的柱子等	30 ~ 50
3	配筋密列的结构（薄壁、斗仓、筒仓、细柱等）	50 ~ 70
4	配筋特密的结构	70 ~ 90

② 控制混凝土自由倾落高度以防离析。混凝土倾落高度一般不超过 2 m；竖向结构（如墙、柱）不超过 3 m，否则应采用溜槽、串筒或振动串筒下料。

③ 浇筑竖向混凝土结构前，应先在底部填筑一层 50 ~ 100 mm 厚与混凝土成分相同的水泥砂浆，然后再浇筑混凝土。

④ 为了使混凝土振捣密实，必须分层浇筑，每层的浇筑厚度与振捣方法、结构配筋有关，应符合表 4-3-4 的规定。

表 4-3-4　混凝土浇筑层厚度

捣实混凝土的方法		浇筑层的厚度/mm
插入式振捣器		振捣器作用部分长度的 1.25 倍
表面式振捣器		200
人工捣固	在基础、无配筋混凝土或配筋稀疏的结构中	250
	在梁、墙板、柱结构中	200
	在配筋密列的结构中	150
插入式振捣器		300
表面振动（振动时需加压）		200

⑤ 混凝土应连续浇筑。当必须间歇时，间歇时间宜缩短，并在下层混凝土初凝前，将上层混凝土浇筑完毕。混凝土从搅拌机中卸出，经运输、浇筑及间歇的全部时间不得超过有关规范的规定，否则应留置施工缝。

2. 施工缝的留设与处理

施工缝是指先浇的混凝土与后浇的混凝土之间的薄弱接触面。由于技术上的原因或设备、人力的限制，混凝土的浇筑不能连续进行，当中间的间歇时间超过混凝土的初凝时间时，则应留设施工缝。

（1）施工缝留设位置

施工缝宜留在结构受力（弯矩及剪力）较小且便于施工的部位。一般柱应留设水平缝，梁、板和墙应留设垂直缝。根据施工缝留设的原则，具体留设位置如下：

① 柱子的施工缝留在基础顶面，梁、无梁楼盖柱帽或吊车梁牛腿下面，以及吊车梁的上面，如图 4-3-1、图 4-3-2 所示。

② 与板连为一体的大截面梁，施工缝应留设在板底面以下 20 ~ 30 mm 处。

③ 单向板留设在平行于板短边的任何位置。

④ 有主次梁的楼盖，宜顺次梁方向浇筑，施工缝留设在次梁跨度中间 1/3 范围内，如图 4-3-3 所示。

⑤ 楼梯的施工缝应留设在楼梯长度中间 1/3 范围内。

⑥ 墙的施工缝应留设在门洞过梁跨中的 1/3 范围内，也可留设在纵横墙的交接处。

⑦ 双向受力楼板、大体积混凝土结构、拱、薄壳、蓄水池等复杂结构工程的施工缝应按设计要求留设。

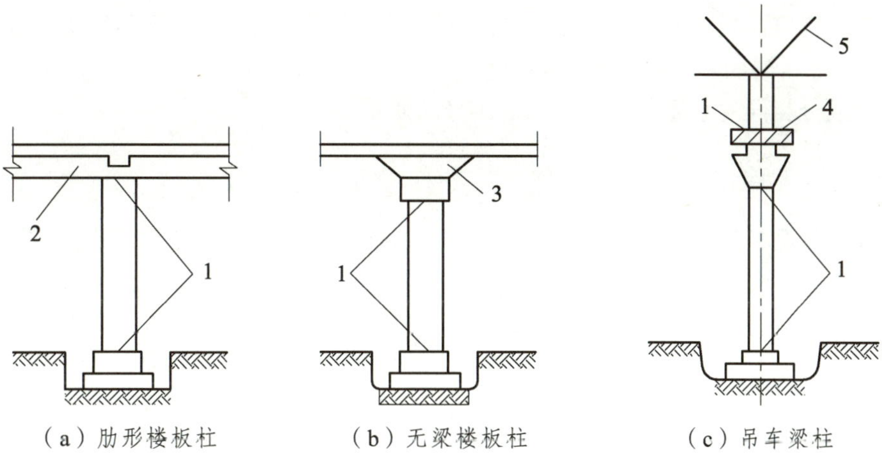

1—施工缝；2—梁；3—柱帽；4—吊车梁；5—屋架。

图 4-3-1　柱子施工缝的位置

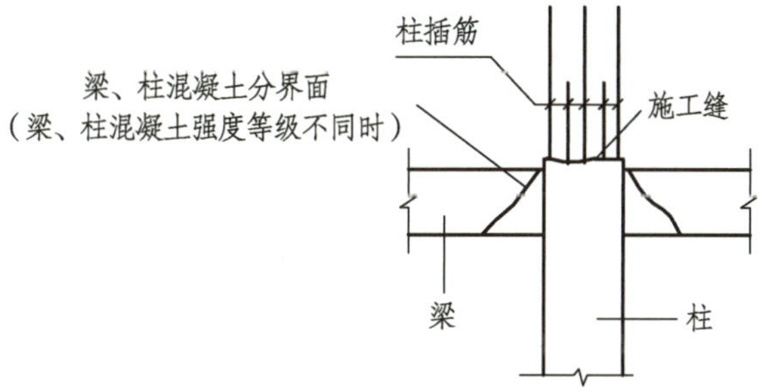

图 4-3-2　柱施工缝详图

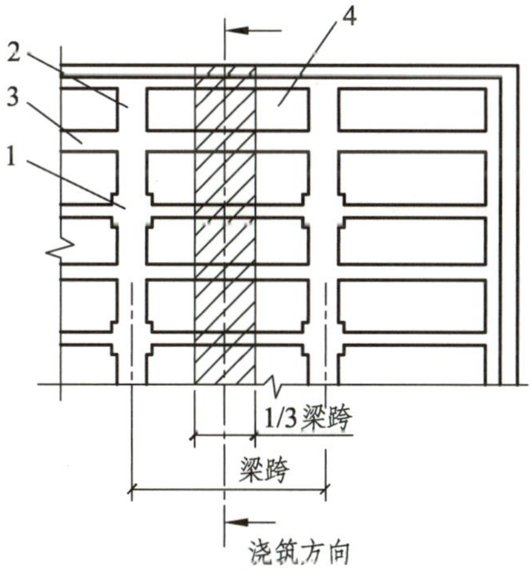

1—柱；2—主梁；3—次梁；4—板。

图 4-3-3　有梁板的施工缝位置

（2）施工缝的处理

在施工缝处继续浇筑混凝土时，已浇筑的混凝土抗压强度不应小于 1.2 MPa，以防止被继续浇筑的混凝土扰动。

施工缝处浇筑混凝土前，先应除去施工缝表面的浮浆、松动的石子和软弱的混凝土层，然后凿毛、洒水、湿润、冲刷干净，最后浇一层 10 ~ 15 mm 厚的水泥浆（水泥：水 = 1：0.4）或与混凝土成分相同的水泥砂浆，以保证接缝的质量。

3. 后浇带的施工

后浇带是在现浇混凝土结构施工过程中，为了防止混凝土结构由于收缩不均或沉降不均而产生有害裂缝，按设计要求或施工规范要求在基础底板、墙、梁相应位置留设的临时施工缝。

后浇带的留设位置应按设计要求和施工技术方案确定。在正常的施工条件下，当混凝土置于室内和土中时，后浇带的设置距离为 30 m；当混凝土露天时，后浇带的设置距离为 20 m。

后浇带的保留时间应根据设计确定，当设计无要求时，一般保留 28 d 以上。后浇带的宽度应考虑施工简便，避免应力集中，一般其宽度为 700 ~ 1 000 mm。后浇带内的钢筋应完好保存。

拓展笔记

模块 4　混凝土密实成型

混凝土振捣分人工捣实和机械振实两种方式。人工捣实劳动强度大、效率低，且由于需用流动性较大的混凝土，增加了水泥用量，因此仅在工程量小或缺少机械振动设备时，才完全使用人工捣实。采用机械振实时，混凝土振捣设备按其工作方式可分为内部振动器、表面振动器、外部振动器和振动台，如图 4-3-4 所示。

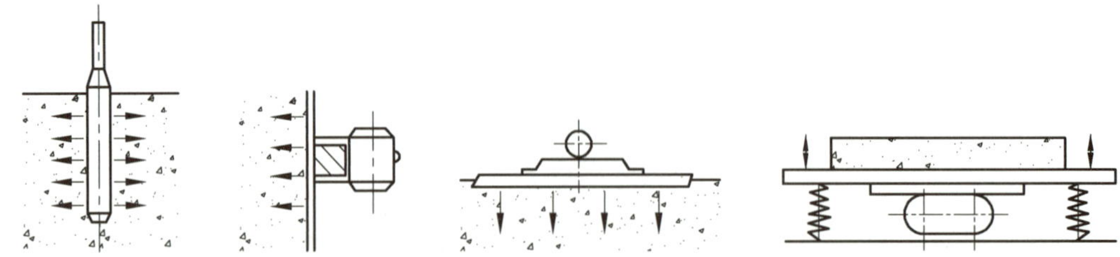

（a）内部振动器　（b）外部振动器　（c）表面振动器　（d）振动台

图 4-3-4　混凝土振捣机械示意图

1. 内部振动器

内部振动器又称插入式振动器，常用来捣实梁、柱、墙、基础和大体积混凝土。

2. 外部振动器

外部振动器又称附着式振动器。外部振动器是将一个带偏心块的电动振动器利用螺栓或夹具固定在构件模板外侧，振动动力通过模板传给混凝土，适用于振捣钢筋密集、断面尺寸小于 250 mm 的构件及不使用插入式振动器的构件，如墙体、薄腹梁等。

3. 表面振动器

表面振动器又称平板振动器，是将附着式振动器固定在一块底板上构成的。它适用于振实楼板、地面、板形构件和薄壳等构件。

4. 振动台

振动台是将模板和混凝土构件放于平台上一起振动，主要用于预制构件的生产。

拓展笔记

模块 5 水下浇筑混凝土

深基础、地下连续墙、沉井及钻孔灌注桩等常需在水下或泥浆中浇筑混凝土。水下或泥浆中浇筑混凝土时，应保证水或泥浆不混入混凝土内，水泥浆不被水带走，混凝土能借压力挤压密实。水下浇筑混凝土常采用导管法。

灌筑前，用铁丝吊住球塞堵住导管下口，然后将管内灌满混凝土，并使导管下口距地基约 300 mm，距离太小，容易堵管，距离太大，则开管时冲出的混凝土不能及时封埋管口端处，而导致水或泥浆渗入混凝土内。

漏斗及导管内应有足够的混凝土，以保证混凝土下落后能将导管下端埋入混凝土内 0.5 ~ 0.8 m。剪断铁丝后，混凝土在自重作用下冲出管口，并迅速将管口下端埋住。此后，一面不断灌注混凝土，一面缓缓提起导管，且始终保持导管在混凝土内有一定的埋深，埋深越大则挤压作用越大，混凝土越密实，但也越不易浇筑。这样，最先浇筑的混凝土始终处于最上层与水接触，且随混凝土的不断挤入不断上升，故水或泥浆不会混入混凝土内，水泥浆不会被带走，而混凝土又能在压力作用下自行挤密。为保证与水接触的表层混凝土能呈塑性状态上升，每一浇筑点应在混凝土初凝前浇至设计标高。

一般情况下，一根导管浇筑半径以 4 m 为限，面积更大时，可用几根导管同时浇筑，或待一浇筑点浇筑完毕后再将导管换插到另一浇筑点进行浇筑，而不应在一浇筑点将导管作水平移动以扩大浇筑范围。浇筑完毕后，应清除与水接触的表层厚约 0.2 m 的松软混凝土。

拓展笔记

模块 6　混凝土养护与拆模

1. 混凝土养护

（1）自然养护

利用平均气温高于 5 °C 的自然条件，用保水材料或草帘等对混凝土加以覆盖后适当浇水，使混凝土在一定的时间内在湿润状态下硬化。当最高气温低于 25 °C 时，混凝土浇筑完后应在 12 h 以内加以覆盖和浇水；当最高气温高于 25 °C 时，应在 6 h 以内开始养护。

（2）人工养护

用人工来控制混凝土的养护温度和湿度，使混凝土强度增加，如蒸汽养护、热水养护、太阳能养护等。人工养护主要用来养护预制构件，现浇构件大多采用自然养护。

2. 混凝土拆模

模板拆除日期取决于混凝土的强度、模板的用途、结构的性质及混凝土硬化时的气温。

不承重的侧模，在混凝土强度能保证其表面棱角不因拆除模板而受损坏时，即可拆除。承重模板，如梁、板等底模，应待混凝土达到规定强度后，方可拆除。结构的类型和跨度不同，其拆模时混凝土强度不同。

已拆除承重模板的结构，应在混凝土达到规定的强度等级后，才允许承受全部设计荷载。拆模后应由监理（建设）单位、施工单位对混凝土的外观质量和尺寸偏差进行检查，并做好记录。

拓展笔记

模块 7　混凝土工程施工质量验收与评定方法

混凝土工程的施工质量检验应分主控项目、一般项目按规定的检验方法进行检验。

1. 主控项目

（1）水泥、外加剂产品质量及混凝土原材料称量偏差等应符合相关规定。

（2）应根据混凝土强度等级、耐久性和工作性等要求进行配合比设计。

（3）混凝土强度等级必须符合设计要求。

（4）混凝土运输、浇筑及间歇的全部时间不应超过混凝土的初凝时间。

（5）现浇结构的外观质量不应有严重缺陷。

（6）现浇结构不应有影响结构性能和使用功能的尺寸偏差。

2. 一般项目

现浇结构混凝土结构尺寸偏差应符合表 4-3-5 的规定。

表 4-3-5 现浇结构尺寸的允许偏差和检验方法

<table>
<tr><th colspan="3">项目</th><th>允许偏差/mm</th><th>检验方法</th></tr>
<tr><td rowspan="4">轴线位移</td><td colspan="2">基础</td><td>15</td><td rowspan="4">尺量检查</td></tr>
<tr><td colspan="2">独立基础</td><td>10</td></tr>
<tr><td colspan="2">柱、墙、梁</td><td>8</td></tr>
<tr><td colspan="2">剪力墙</td><td>5</td></tr>
<tr><td rowspan="2">标高</td><td colspan="2">层高</td><td>±10</td><td rowspan="2">用水平仪或拉线，钢尺检查</td></tr>
<tr><td colspan="2">全高</td><td>±30</td></tr>
<tr><td colspan="3">截面尺寸</td><td>+8，−5</td><td>钢尺检查</td></tr>
<tr><td rowspan="3">垂直度</td><td rowspan="2">层高</td><td>≤5 m</td><td>8</td><td rowspan="2">用经纬仪或吊线，钢尺检查</td></tr>
<tr><td>>5 m</td><td>10</td></tr>
<tr><td colspan="2">全高（H）</td><td>H/1 000，且≤30</td><td>用经纬仪或吊线和尺量检查</td></tr>
<tr><td colspan="3">表面平整度</td><td>8</td><td>用 2 m 靠尺和塞尺检查</td></tr>
<tr><td rowspan="3">预埋设施中心线位</td><td colspan="2">预埋件</td><td>10</td><td rowspan="3">钢尺检查</td></tr>
<tr><td colspan="2">预埋螺栓</td><td>5</td></tr>
<tr><td colspan="2">预埋管</td><td>5</td></tr>
<tr><td colspan="3">预留洞中心线位置</td><td>15</td><td>钢尺检查</td></tr>
<tr><td rowspan="2">电梯井</td><td colspan="2">井筒长、宽对定位中心线</td><td>+25，0</td><td>钢尺检查</td></tr>
<tr><td colspan="2">井筒全高（H）垂直度</td><td>H/1 000 且≤30</td><td>经纬仪，钢尺检查</td></tr>
</table>

拓展笔记

新技术应用（新技术、新工艺、新材料、新设备）

空心楼盖

空心楼盖工艺

空心楼盖（图 4-3-5）是继无梁楼盖、密肋楼盖之后又一种新型楼盖体系，主要技术特点是在现浇混凝土楼板中按规则布置一定数量的预制永久性薄壁箱体而形成的新型空心楼盖体系。该技术不仅能提供灵活的应用空间，还具有减轻结构自重、增加楼板刚度、缩短施工工期、节约层高、减少土石方开挖量等优点，经济技术指标相对于传统结构技术有明显的提高，有广泛的运用前景。

优点：① 降低地下室层高带来经济效益；② 节省楼盖建材的费用；③ 节省施工费用及工期；④ 提升地下室品质。

图 4-3-5　空心楼盖的施工

拓展笔记

任务实施（理实一体化）

1. 单选题

（1）浇筑混凝土时，为了避免混凝土产生离析，自由倾落高度不应超过（　　）。

A. 1.5 m　　B. 2.0 m　　C. 2.5 m　　D. 3.0 m

（2）以下哪一项不是混凝土的投料顺序？（　　）

A. 一次投料法　　B. 两次投料法

C. 三次投料法　　D. 水泥裹砂法

（3）泵送混凝土时，应保证混凝土的供应能满足混凝土泵连续工作，在泵送结束或预计泵送间隙时间超过（　　）时，及时把残留在混凝土缸体和输送管内的混凝土清洗干净。

A. 20 min　　B. 30 min　　C. 45 min　　D. 60 min

2. 多选题

（1）混凝土工程包含哪些施工过程？（　　）

A. 拌制　　B. 运输　　C. 浇筑捣实　　D. 养护

（2）混凝土浇筑振捣的方法有哪些？（　　）

A. 插入式振捣棒　　B. 附着式振动器

C. 平板式振动器　　D. 振动台

3. 客观题

（1）完成虚拟仿真中“行走课堂”实训任务。

（2）总结混凝土施工技术要点。

4. 综合任务实施（理实一体化）

按照现有成套施工图，在教师的指导下分组编制完成一份混凝土工程施工方案（附页），施工方案应包含以下内容：① 编制依据、原则；② 工程概况；③ 总体布置及工期安排；④ 施工技术方案；⑤ 工期保证措施；⑥ 质量目标、保证体系及保证措施；⑦ 安全生产目标及保证措施；⑧ 季节性施工保证措施；⑨ 环境保护、文明施工。

任务 4　混凝土结构工程冬期、雨期施工

任务目标

- 掌握土方冬季施工要求；
- 掌握土方雨季施工要求；
- 初步具备混凝土结构工程季节性施工方案编制的能力。

任务描述

冬期施工时，气温低，水化作用减弱，新浇混凝土强度增长明显地延缓，对混凝土工程造成一定影响。因此，对冬季、雨季施工提出特别的要求与方法，在满足质量要求的前提下做到连续施工。按照现有成套施工图，请编写混凝土工程季节性施工方案。

知识链接

模块 1　混凝土结构工程冬期施工

课程引入：我国幅员辽阔，四季分明，冬季、雨季施工周期长。在结冻时，混凝土中的游离水开始结冰，内部产生冰胀应力，使强度尚低的混凝土结构内部产生微裂隙，导致结构强度降低。当必须在冬期施工时，施工前应周密计划，作好准备。

1. 混凝土冬期施工要求

一般情况下，混凝土冬期施工时要求在正温下浇筑，正温下养护，使混凝土强度在冰冻前达到受冻临界强度，对原材料和施工过程均要求采取必要的措施来保证混凝土的施工质量。

（1）对材料的要求及加热

① 冬期施工中配制混凝土用的水泥，应优先选用活性高、水化热大的硅酸盐水泥和普通硅酸盐水泥。

② 混凝土所用骨料必须清洁，不得含有冰雪等冰结物及易冻裂的矿物质。

③ 冬期施工对组成混凝土材料的加热，应优先考虑加热水。水泥不得直接加热，使用前宜运入暖棚存放。骨料加热的方法是将骨料放在底下加温的铁板上面直接加热，或者通过蒸汽管、电热线等加热。

④ 钢筋调直冷拉温度不宜低于 – 20 °C，预应力钢筋张拉温度不宜低于 – 15 °C。钢筋的焊接宜在室内进行。刚焊接的接头严禁立即碰到冰雪，避免造成冷脆现象。

⑤ 当环境气温低于 – 20 °C 时，不得对 HRB335、HRB400 级钢筋进行机械冷弯加工。

（2）混凝土的搅拌

不宜露天搅拌，应尽量搭设暖棚，优先选用大容量的搅拌机，以减少混凝土的热损失。

（3）混凝土的运输

混凝土的运输过程是产生热损失的关键阶段，应采取必要的措施减少混凝土的热损失，同时应保证混凝土的和易性。常采取的措施为减少运输时间和距离，使用大容积的运输工具并采取必要的保温措施。

（4）混凝土的浇筑

混凝土在浇筑前，应清除模板和钢筋上的冰雪和污垢，尽量加快混凝土的浇筑速度，防止热量散失过多。冬期施工时混凝土振捣应用机械振捣，振捣时间应比常温时有所增加。

2. 混凝土冬期施工养护方法

混凝土冬期施工养护方法有两大类：一类是人为地创造一个正温环境，以保证新浇筑的混凝土强度能够正常地不间断地增长，甚至可以加速增长，主要方法有蓄热养护法、综合蓄热养护法、蒸汽加热养护法、暖棚养护法；另一类为混凝土负温养护法，是在拌制混凝土时，加入适量的外加剂，可以降低水的冰点，使混凝土中的水在负温下保持液态，能继续与水泥进行水化作用，混凝土强度得以在负温环境中持续地增长。这种方法一般不再对混凝土进行加热。

在选择混凝土冬期施工方法时，应保证混凝土尽快达到冬期施工临界强度，避免遭受冻害。一个理想的施工方案，首先应当在杜绝混凝土早期受冻的前提下，在最短的施工期限内，用最低的冬期施工费用，获得优良的施工质量。

3. 混凝土的拆模

混凝土养护到规定时间，应根据同条件养护的试块试压结果，证明混凝土达到规定拆模强度后方可拆模。对加热法施工的构件模板和保温层，应在混凝土冷却到 5 °C 后方可拆模。当混凝土和外界温差大于 20 °C 时，拆模后的混凝土应注意覆盖，使其缓慢冷却。

在拆除模板过程中发现混凝土有冻害现象时，应暂停拆模，经处理后方可拆模。

拓展笔记

模块 2　混凝土结构工程雨期施工

雨期施工以防雨、防台风、防汛为重点，做好各项准备工作。

1. 雨期施工要求

（1）编制施工组织计划时，要根据雨期施工的特点，将不宜在雨期施工的分项工程提前或延后安排。对必须在雨期施工的工程应制定有效的措施，进行突击施工。

（2）合理进行施工安排，做到晴天抓紧室外工作，雨天安排室内工作，尽量缩小雨天室外作业时间和工作面。

（3）密切注意气象预报，做好抗台防汛等准备工作，必要时应及时加固在建的工作。

2. 雨期施工准备

（1）现场排水。施工现场的道路、设施必须做到排水畅通，尽量做到雨停水干。

（2）应做好原材料、成品、半成品的防雨工作。水泥应按“先收先用”“后收后用”的原则，避免久存受潮而影响水泥的性能。

（3）在雨期前应做好施工现场房屋、设备的排水防雨措施。

（4）备足排水需用的水泵及有关器材，准备适量的塑料布、油毡等防雨材料。

3. 混凝土工程雨期施工注意事项

（1）模板隔离层在涂刷前要及时掌握天气预报，以防隔离层被雨水冲掉。

（2）应加强对混凝土粗细骨料含水量的测定，及时调整混凝土的施工配合比。

（3）模板支撑下部回填土要夯实，并加好垫板，雨后及时检查有无下沉。

拓展笔记

新技术应用（新技术、新工艺、新材料、新设备）

济南地铁 6 号线“蒸科技”

冬季的济南，干燥而寒冷，室外温度有时能到 – 10 °C 以下，但在济南地铁 6 号线的一处工地里，却有着这么一方“热土”：在一块封闭的空间内，保持着 12 ~ 15 °C 的温度，里面“烟雾缭绕”，温暖湿润。“身在其中”享受这“暖冬”的不是人，而是混凝土。这就是济南地铁 6 号线这项新颖有趣又起到大作用的“蒸科技”——电热蒸汽养护。

电热蒸汽养护工法，利用专门的设备，通过电热的方式将水烧至一定温度，使水蒸发形成蒸汽，当蒸汽在锅炉内产生一定压力后通过管道释放在作业面封闭的空间内，形成的热蒸汽为混凝土结构硬化提供适宜的温度和湿度，如图 4-4-1 所示。

相比较传统的蓄热养护、燃煤蒸汽养护，电热蒸汽养护工法具有三个突出的优点：一是安全环保，不会造成大气污染；二是效率高，对比其他养护工法能够缩短 2 ~ 3 d 混凝土“等强”时间；三是效果佳，经过“蒸科技”养护的混凝土，用于冬季浇筑中，建筑质量得到很大提升。

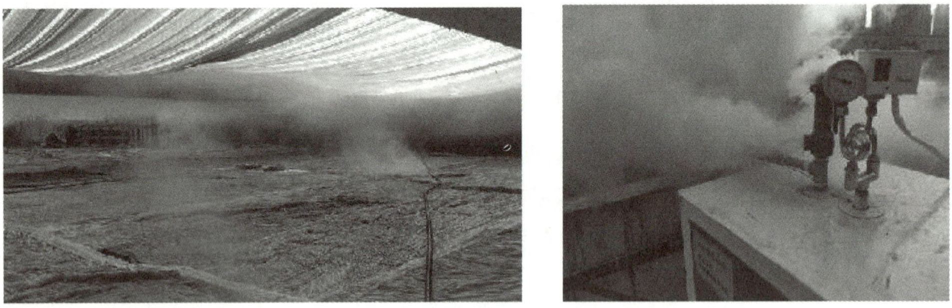

图 4-4-1　电热蒸汽养护工法

拓展笔记

任务实施（理实一体化）

1. 客观题

（1）完成虚拟仿真中“行走课堂”实训任务。

（2）总结混凝土冬期施工要求。

2. 综合任务实施（理实一体化）

按照现有成套施工图，在教师的指导下分组编制完成一份混凝土工程冬季施工方案（附页）。

评价反馈

项目	项目要求		自评得分	小组得分
素养（20分）	纪律情况（10分）	不迟到、不早退		
		遵守课堂纪律		
		积极思考回答问题		
	职业道德（10分）	团队合作		
		精益求精		
核心技术（60分）	施工要点（20分）	能描述施工要点		
		能完成施工相关题目		
	施工方案（40分）	能编制施工方案		
工作页完成情况（20分）	笔记重难点突出			
	任务实施部分完成度			
	客观题回答精准			
	施工方案编写规范			
教师评价（100分）				
个人评价小结及反馈	年　月　日			
学生		教师		

项目 5 预应力混凝土工程施工

学习目标

通过本项目的学习，了解预应力混凝土的工作原理；了解先张法台座的类型、预应力值建立和传递原理；掌握张拉程序、张拉力控制和放张方法；掌握先张法、后张法的施工工艺；了解锚夹具类型及张拉设备。熟悉无黏结预应力筋的施工工艺；掌握预应力混凝土工程质量检验和质量控制的方法；掌握预应力混凝土工程施工的安全技术。

学习重点

1. 预应力混凝土的工作原理；
2. 先张法和后张法台座的类型、预应力值建立和传递原理。

学习难点

1. 预应力混凝土工程质量检验和质量控制的方法；
2. 预应力混凝土工程施工的安全技术。

任务 1　先张法预应力混凝土工程施工

任务目标

- 了解索具设备，掌握钢丝绳、吊具的种类及使用方法；
- 掌握预应力混凝土的工作原理，先张法台座的类型、预应力值建立和传递原理。

任务描述

预应力混凝土结构是在结构构件受外力荷载作用前，先人为地对它施加压力，由此产生的预应力状态用以减小或抵消外荷载所引起的拉应力，即借助于混凝土较高的抗压强度来弥补其抗拉强度的不足，达到推迟受拉区混凝土开裂的目的。以预应力混凝土制成的结构，因以张拉钢筋的方法来产生预压应力，所以也称预应力钢筋混凝土结构。请编制一份先张法预应力混凝土工程施工方案。

知识链接

预应力原理

模块 1　台　座

课程引入：先张法的主要施工工序为：在台座上张拉预应力筋至预定长度后，将预应力筋固定在台座的传力架上；然后在张拉好的预应力筋周围浇筑混凝土；待混凝土达到一定的强度后（约为混凝土设计强度的 75%左右）切断预应力筋。由于预应力筋的弹性回缩，使得与预应力筋黏结在一起的混凝土受到预压作用，施工过程如图 5-1-1。因此，先张法是靠预应力筋与混凝土之间黏结力来传递预应力的。

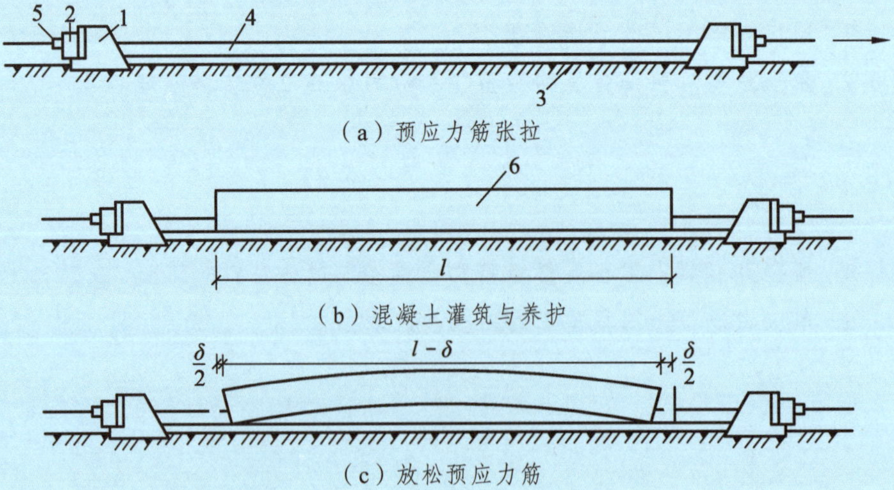

1—台座承力结构；2—横梁；3—台面；4—预应力筋；5—锚固夹具；6—混凝土构件。

图 5-1-1　先张法施工过程

台座在先张法构件生产中是主要的承力构件，它在生产预应力混凝土构件时，预应力筋锚固在台座横梁上，台座承受全部预应力的拉力。因此，台座应有足够的承载能力、刚度和稳定性，以避免台座变形、倾覆和滑移而引起的预应力损失，从而确保先张法生产构件的质量。

根据构造形式的不同，台座可分为墩式台座、槽式台座等。选用时应根据构件种类、张拉力大小和施工条件确定。

1. 墩式台座

以混凝土墩作承力结构的台座称为墩式台座，一般用于生产中小型构件，如空心板和平板等。墩式台座由承力台墩、台面和横梁三部分组成，如图 5-1-2 所示。

图 5-1-2 墩式台座

2. 槽式台座

槽式台座是由钢筋混凝土压杆、上、下横梁及台面组成。它既可承受张拉力，又可作蒸汽养护槽，适用于生产吊车梁、屋架和箱梁等预应力混凝土构件。

拓展笔记

模块 2　夹　具

夹具是预应力筋张拉和临时固定的锚固装置。夹具要求工作可靠、加工方便、成本低并能多次重复使用，按其用途不同分为锚固夹具和张拉夹具。

1. 锚固夹具

（1）钢质锥形夹具

钢质锥形夹具主要用来锚固直径为 3 ~ 5 mm 的单根钢丝夹具，如图 5-1-3 所示。

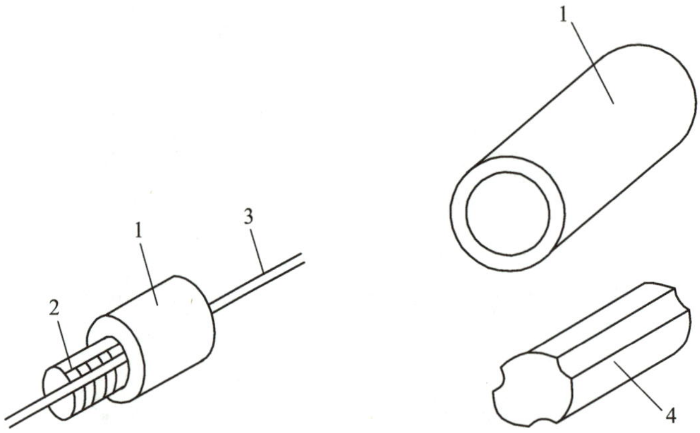

（a）圆锥齿板式　　（b）圆锥槽式

1—套筒；2—齿板；3—钢丝；4—锥塞。

图 5-1-3　钢质锥形夹具

（2）镦头夹具

镦头夹具适用于预应力钢丝固定端的锚固，如图 5-1-4 所示。

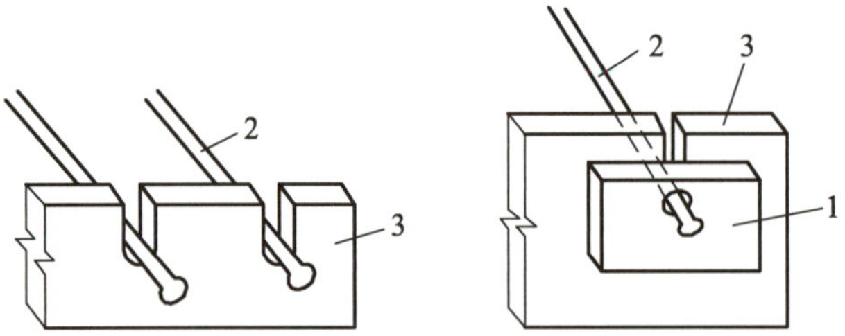

1—垫片；2—镦头钢丝；3—承力板。

图 5-1-4　固定端镦头夹具

2. 张拉夹具

张拉夹具是将预应力筋与张拉机械连接起来进行预应力张拉的工具，常用的张拉夹具有月牙形夹具、偏心式夹具和楔形夹具等，如图 5-1-5 所示。

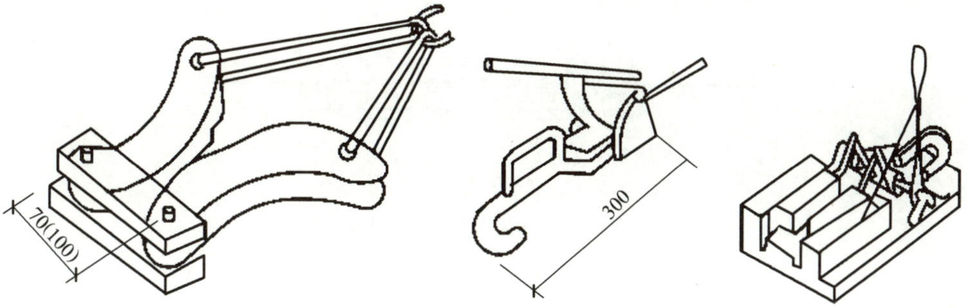

（a）月牙形夹具　（b）偏心式夹具　（c）楔形夹具

图 5-1-5　钢丝的张拉夹具（单位：mm）

拓展笔记

模块 3　张拉设备

张拉设备分为电动张拉和液压张拉两类，电动张拉多用于先张法，液压张拉既可用于先张法，也可用于后张法。张拉设备要求工作可靠，控制应力准确，能以稳定的速率加大拉力。

1. 穿心式千斤顶

张拉直径 12 ~ 20 mm 的单根钢筋、钢绞线或小型钢丝束，可用 YC-20 型穿心式千斤顶，如图 5-1-6 所示。

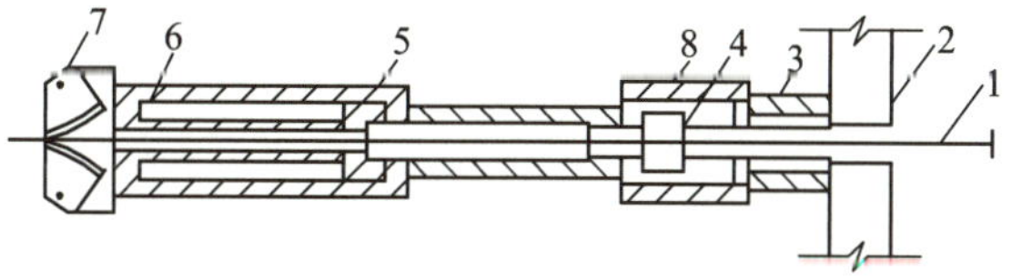

（a）张拉

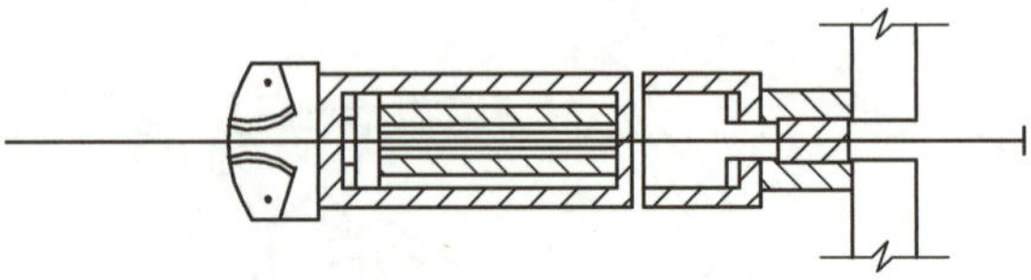

（b）复位

1—钢筋；2—台座；3—穿心式夹具；4—弹性顶压头；
5、6—油嘴；7—偏心式夹具；8—弹簧。

图 5-1-6　YC-20 型穿心式千斤顶

2. 电动螺杆张拉机

电动螺杆张拉机主要用于预制厂长线台座上张拉钢丝。

DL-1 型电动螺杆张拉机的构造见图 5-1-7。其工作原理是：电动机正向或反向转动时，通过减速箱带动螺母旋转，螺母即推动螺杆沿轴向作往复直线运动。弹簧测力计上装有计量标尺和微动开关，当张拉力达到要求数值时，电动机能够自动停止转动。

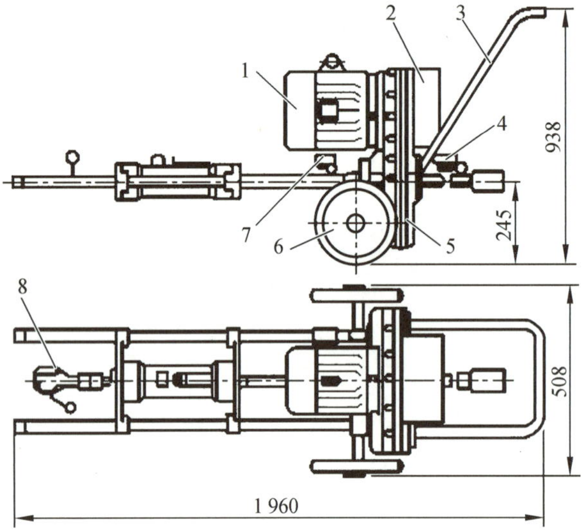

1—电动机；2—配电箱；3—手柄；4—前限位开关；5—减速箱；
6—胶轮；7—后限位开关；8—钢丝钳。

图 5-1-7　DL-1 型电动螺杆张拉机（单位：mm）

电动螺杆张拉机操作时，按张拉力数值调整测力计标尺，将钢丝插入钢丝钳中夹住，开动电动机，螺杆向后运动，钢丝即被张拉。当达到张拉力数值时，电动机自动停止转动。锚固好钢丝后，使电动机反向旋转。此时，螺杆向前运动，放松钢丝，完成一次张拉操作。

3. 卷扬机

张拉机由电动卷扬机、杠杆测力装置及张拉夹具组成，弹簧测力时，宜设行程开关，在张拉到规定应力时，能自行停机，如图 5-1-8 所示。

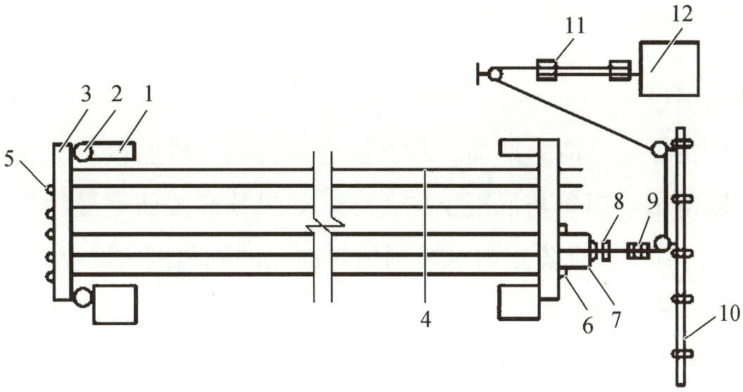

1—台座；2—放松装置；3—横梁；4—钢筋；5—镦头；6—垫块；7—销片夹具；
8—张拉夹具；9—弹簧测力计；10—固定梁；11—滑轮组；12—卷扬机。

图 5-1-8　用卷扬机张拉预应力筋

拓展笔记

模块 4　先张法施工工艺

1. 先张法施工工艺流程

台座准备—刷隔离剂—铺放预应力筋—张拉—安装侧模，绑扎横向筋（图 5-1-9）。

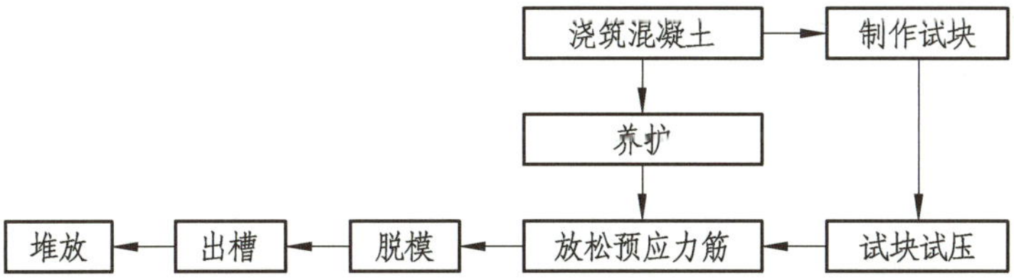

图 5-1-9　先张法施工工艺流程

先张法预应力施工

2. 先张法施工要点

（1）预应力筋的铺设

为了便于脱模，在铺放预应力筋前，在长线台座台面（或胎模）上应先刷隔离剂。隔离剂不应污损钢丝，以免影响钢丝与混凝土的黏结。如果预应力筋遭受污染，应使用适当的溶剂清洗干净。在生产过程中，应防止雨水冲刷掉台面上的隔离剂。预应力钢丝和钢绞线下料，应采用砂轮切割机，不得采用电弧切割。

预应力钢丝宜用牵引车铺设。如遇钢丝需要接长，可借助于钢丝拼接器，用 20 ~ 22 号镀锌钢丝密排绑扎。

（2）预应力筋的张拉

预应力筋的张拉应根据设计要求，采用合适的张拉方法、张拉顺序和张拉程序进行，并应采取可靠的保证质量措施和安全技术措施。

预应力筋的张拉控制应力应按照《混凝土结构设计规范》（GB/T 50010—2010）的规定，按表 5-1-1 取值。预应力筋的张拉可采用单根张拉或多根同时张拉，当预应力筋数量不多、张拉设备拉力有限时常采用单根张拉；当预应力筋数量较多、密集布筋，且张拉设备拉力较大时，则可采用多根同时张拉。

表 5-1-1　张拉控制应力限值

钢种	张拉控制应力限值
消除应力钢丝、钢绞线	$\sigma_{con} \leqslant 0.80 f_{ptk}$
刻痕钢丝、中强度预应力钢丝	$\sigma_{con} \leqslant 0.75 f_{ptk}$
预应力螺纹钢筋	$\sigma_{con} \leqslant 0.90 f_{pyk}$

（3）张拉程序

预应力筋进行超张拉（103% ~ 105%σ_{con}）的主要目的是减小预应力筋的松弛应力损失。所谓应力松弛是指钢材在常温、高应力的作用下，由于塑性变形而使应力随时间延续而降低的现象。松弛的数值与张拉控制应力和延续时间有关，控制应力越高，松弛也越大，松弛损失还随时间的延续而增加，但在第 1 min 内可完成损失总值的 50%，24 h 内则可完成 80%。所以，采用超张拉工艺，先超张拉 5%并持荷 2 min，再回到控制应力，松弛可以完成 50%以上。超张拉 3%σ_{con}是为了弥补设计中预见不到的预应力损失。

（4）预应力筋伸长值与应力的测定

预应力筋张拉后，一般应校核预应力筋的伸长值。如实际伸长值与计算伸长值的偏差超过 ± 6%时，应暂停张拉，查明原因并采取措施予以调整后，方可继续张拉。预应力筋的伸长值按下式计算：

$$\Delta L = \frac{F_p L}{A_n E_p}$$

预应力筋实际伸长值，宜在初应力约为 10%σ_{con} 时开始测量，但必须加上初应力以下的推算长度。预应力筋的位置不允许有过大偏差，对设计位置的偏差不得大于 5 mm，也不得大于构件截面最短边长的 4%。

采用钢丝作为预应力筋时，不做伸长值校核，但应在钢丝锚固后，用钢丝测力计或半导体频率计数测力计测定其钢丝应力。其偏差不得大于或小于按一个构件全部钢丝预应力总数的 5%。多根钢丝同时张拉时，必须事先调整初应力使其相互间的应力一致。断丝和滑脱钢丝的数量不得大于钢丝总数的 3%，一束钢丝中只允许断丝一根。构件在浇筑混凝土前发生断丝或滑脱的预应力钢丝必须予以更换。

拓展笔记

新技术应用（新技术、新工艺、新材料、新设备）

SPTB 系列预应力先张法型智能张拉设备

SPTB 系列智能张拉设备（图 5-1-10）专为“先张法”全自动预应力多点智能精确张拉设计，通过计算机控制，设定数据后自动实现精确受控张拉，具有张拉力和张拉位移的双重高精度控制功能，张拉力定位精度最高为 0.25%，多点同步张拉位移同步精度为 1 mm。

该设备实现权限分级受控管理，可管理设定操作权限，消除人为因素导致的张拉质量隐患，可实现单端自动张拉，也可两端同步自动张拉；高品质工业计算机，适用于野外作业环境；触摸屏操作，具有良好的人机交互界面；采用标准产品模块化连接及通信总线方式，整体张拉设备连接管线最少化，利于现场使用和管理；选择不同系列的张拉油缸可实现不同等级的张拉精度。

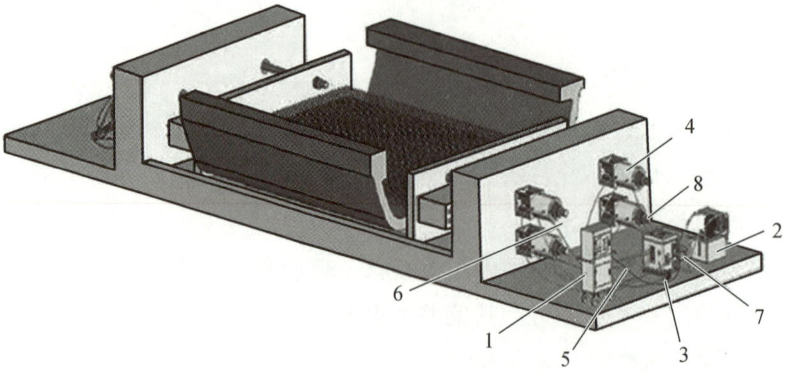

1—智能张拉总控台；2—智能张拉泵站；3—智能张拉子站；4—智能张拉油缸；
5—数据通信总线；6—传感器信号线；7—泵站控制信号线；8—高强度拉杆。

图 5-1-10　SPTB 系列预应力先张法型智能张拉设备

拓展笔记

任务实施（理实一体化）

1. 单选题

（1）（　　）是预应力筋进行张拉和临时固定的工具。

A. 夹具　　B. 台座　　C. 油压千斤顶

（2）先张法施工的预应力放张时，若预应力混凝土构件的强度设计无要求，其强度不低于设计的混凝土强度标准值的（　　）。

A. 50%　　B. 60%　　C. 75%　　D. 70%

2. 多选题

（1）台座按构造形式分为（　　）。

A. 台面　　B. 墩式台座　　C. 槽式台座　　D. 横梁

（2）张拉机械包括（　　）。

A. 油压千斤顶　　B. 卷扬机

C. 电动螺杆张拉机　　D. 夹具

（3）根据夹具的工作特点分为（　　）。

A. 台座　　B. 张拉夹具

C. 油压千斤顶　　D. 锚固夹具

3. 判断题

（1）预应力混凝土能提高钢筋混凝土构件的刚度、抗裂性和耐久性。（　　）

（2）为了便于脱模，在铺放预应力筋前，在长线台座台面（或胎模）上应先刷隔离剂。（　　）

（3）预应力筋进行超张拉（103% ~ 105%σ_{con}）主要目的是减小预应力筋的松弛应力损失。（　　）

（4）张拉设备只有电动张拉型。（　　）

4. 客观题

（1）完成虚拟仿真中“行走课堂”实训任务。

（2）总结先张法施工工艺流程。

5. 综合任务实施（理实一体化）

请编制一份先张法预应力混凝土工程施工方案。

任务 2　后张法预应力混凝土工程施工

任务目标

- 了解索具设备，掌握钢丝绳、吊具的种类及使用方法；
- 掌握预应力混凝土的工作原理，后张法台座的类型、预应力值建立和传递原理。

任务描述

后张法预应力混凝土是指结构中未加预应力的混凝土，一般称为钢筋混凝土。按照现有成套施工图，请编制一份后张法预应力混凝土工程施工方案。

知识链接

模块 1　锚具及张拉设备

课程引入： 后张法主要用于现场预应力施工，它是在制作构件时预留孔道，待混凝土达到一定的强度后在孔道内穿入钢筋，并按照设计要求张拉钢筋，然后用锚具在构件端部将钢筋锚固，阻止钢筋回缩，从而对构件施加预应力。钢筋锚固完毕后，为了使预应力钢筋与混凝土牢固结合并共同工作，防止预应力钢筋锈蚀，应对孔道进行压力灌浆，如图 5-2-1 所示。为了保证灌浆密实，在远离灌浆孔的适当部位应预留出气孔。

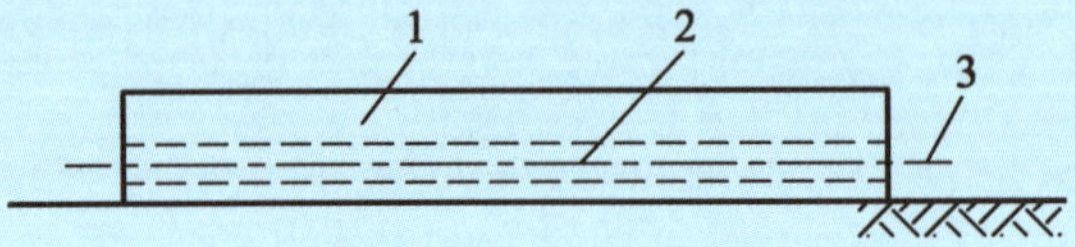

（a）制作构件，预留孔道

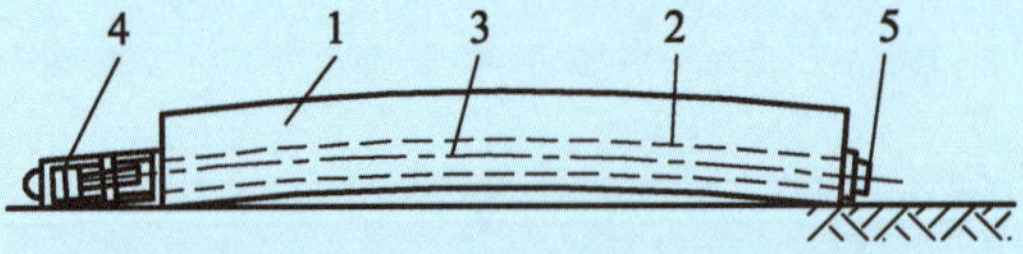

（b）穿入预应力钢筋进行张拉并锚固

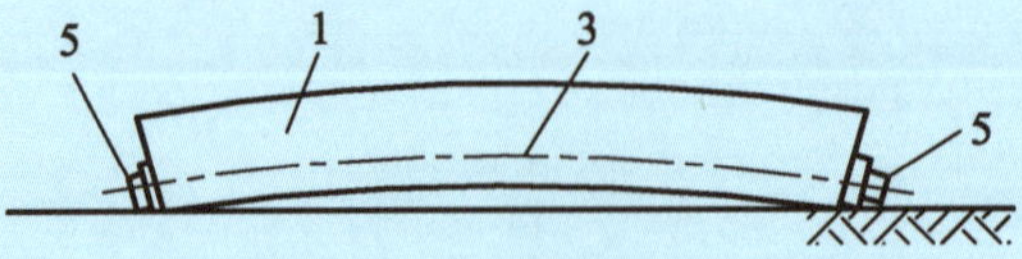

（c）孔道灌浆

1—混凝土构件；2—预留孔道；3—预应力筋；4—千斤顶；5—锚具。

图 5-2-1　后张法主要工序示意图

1. 锚　具

在后张法构件生产中，锚具、预应力筋和张拉机具是配套使用的，目前我国在后张法构件生产中采用的预应力筋钢材主要有冷拉钢筋、热处理钢筋、精轧螺纹钢筋、碳素钢丝和钢绞线等，可归纳成三种类型预应力筋，即单根粗钢筋（包括精轧螺纹钢筋）、钢筋束（或钢绞线束）和钢丝束。下面分别叙述三种类型预应力筋的锚具及制作。

（1）单根粗钢筋锚具

单根粗钢筋的预应力筋，如果采用一端张拉，则在张拉端用螺丝端杆锚具，固定端用帮条锚具或镦头锚具；如果采用两端张拉，则两端均用螺丝端杆锚具。

① 螺丝端杆锚具

当采用高强精轧钢筋作为预应力钢筋时，可采用螺丝端杆锚具。它具有受力明确、锚固可靠、构造简单、施工方便等特点。螺丝端杆锚具长度一般为 320 mm，适用于直径不大于 36 mm 的钢筋，它由螺丝端杆、螺母和垫板组成。

② 帮条锚具

帮条锚具由一块方形衬板和三根帮条焊接而成，是单根预应力粗钢筋非张拉端用锚具。帮条采用与预应力钢筋同级别的钢筋，衬板采用普通低碳钢板。帮条安装时，三根帮条应互成 120°角，其与衬板相接触的截面应在一个垂直平面内，以免受力时产生扭曲。

③ 镦头锚具

镦头锚具由镦头和垫板组成，用于单根粗钢筋的镦头锚具一般直接在预应力筋端部通过热镦、冷镦或锻打成型。镦头锚具操作简便迅速，施工较方便，应用灵活。但对钢筋下料长度的精度要求较高。

（2）钢筋束、钢绞线束锚具

钢筋束、钢绞线束采用的锚具有 JM 型、KT-Z 型、XM 型、QM 型等。

① JM 型锚具

JM 型锚具是由带有锥形内孔的锚环和一组合成锥形的夹片组成，夹片的数量与被锚固的钢筋数量相等。锚环分甲型和乙型两种。

甲型锚环为一个具有锥形内孔的圆柱体，外形比较简单，使用时直接放置在构件端部的垫板上，由于其加工和使用较为方便，故多使用于施工现场。锚环和夹片均用 45 号钢制作，成本较高。

JM 型锚具与 YL60 型千斤顶配套使用，适用于锚固 3 ~ 6 根直径为 12 mm 的光面或螺纹钢筋束，也可用于锚固 5 ~ 6 根直径为 12 mm 或 15 mm 的钢绞线束。JM 型锚具也可作工具锚重复使用，但如发现夹筋孔的齿纹有轻度损伤时，即应改为工作锚使用。

② KT-Z 型锚具

KT-Z 型锚具为可锻铸铁锥形锚具，由锚环和锚塞组成。KT-Z 型锚具适用于锚固 3 ~ 6 根直径为 12 mm 的钢筋束或钢绞线束。该锚具分为 A 型和 B 型，当预应力筋的最大张拉力超过 450 kN 时，采用 A 型，不超过 450 kN 时，采用 B 型。预应力筋的锚固需用千斤顶将锚塞顶入锚环。

③ XM 型锚具

XM 型锚具是一种新型大吨位群锚体系锚具，它由锚环和夹片组成。三个夹片为一组夹持一根预应力筋形成一个锚固单元。XM 型锚具的夹片是斜开缝，以确保夹片能夹紧钢绞线或钢丝束中每一根外围钢丝，形成可靠的锚固。由一个锚固单元组成的锚具称单孔锚具，由两个或两个以上的锚固单元组成的锚具称为多孔锚具。

④ QM 型锚具

QM 型锚具与 XM 型锚具相似，也是由锚环和夹片组成。但锚孔是直的，锚板顶面是平的，夹片垂直开缝。此外，配有喇叭形铸铁垫板与弹簧圈等。适用于锚固 4 ~ 31 根 ϕ12 和 3 ~ 19 根 ϕ15 钢绞线束。

（3）钢丝束锚具

常用的钢丝束锚具有钢质锥形锚具、锥形螺杆锚具、钢丝束镦头锚具、XM 型锚具和 QM 型锚具。

① 钢质锥形锚具

钢质锥形锚具由锚环和锚塞组成，用于锚固以锥锚式双作用千斤顶张拉的钢丝束。钢丝分布在锚环锥孔内侧，由锚塞塞紧锚固。锚环内孔的锥度应与锚塞的锥度一致，锚塞上刻有细齿槽，以夹紧钢丝防止滑动。

钢质锥形锚具的缺点是当钢丝直径误差较大时，易产生单根钢丝滑丝现象，且滑丝后很难弥补预应力损失。如用较大顶锚力的办法防止滑丝，过大的顶锚力易使钢丝咬伤。此外，钢丝锚固时呈辐射状态，弯折处受力较大，受力性能不好。

② 锥形螺杆锚具

锥形螺杆锚具由锥形螺杆、套筒、螺母、垫板组成，适用于锚固 14 ~ 28 根 ϕ^s5 组成的钢丝束。使用时，先将钢丝束均匀整齐地紧贴在螺杆锥体部分，然后套上套筒，用拉杆式千斤顶使端杆锥通过钢丝挤压套筒，从而锚紧钢丝。由于锥形螺杆锚具不能自锚，必须事先加力顶压套筒才能锚固钢丝。

③ 钢丝束镦头锚具

钢丝束镦头锚具适用于锚固 12 ~ 54 根 ϕ^s5 钢丝束，分为 DM5A 型和 DM5B 型两种。A 型由锚环与螺母组成，用于张拉端；B 型为锚板，用于固定端，利用钢丝两端的镦头进行锚固。锚环内外壁均有丝扣（螺纹），内螺纹用于连接张拉螺杆，外螺纹用于拧紧螺母锚固钢丝束。钢丝镦头要在穿入锚环或锚板后进行，镦头采用钢丝镦头机冷镦而成。预应力钢丝束张拉时，在锚环内口拧上工具式拉杆，通过拉杆式千斤顶张拉，然后拧紧螺母，将锚环锚固。

2. 张拉设备

锥形螺杆锚具、钢丝束镦头锚具宜采用拉杆式千斤顶或穿心式千斤顶张拉锚固。钢质锥形锚具应用锥锚式双作用千斤顶张拉锚固。

（1）拉杆式千斤顶（YL 型）

拉杆式千斤顶适用于张拉带有螺丝端杆锚具的粗钢筋、锥形螺杆锚具钢丝束及镦头锚具钢丝束。

当拉杆式千斤顶张拉预应力筋时，首先使连接器与预应力筋的螺丝端杆相连接，顶杆支撑在构件端部的预埋钢板上。当高压油进入主缸时，则推动主缸活塞向左移动，并带动拉杆和连接器以及螺丝端杆同时向左移动，对预应力筋进行张拉。当达到张拉力时，拧紧预应力筋的螺母将预应力筋锚固在构件的端部。高压油再进入副缸，推动副缸使主缸活塞和拉杆向右移动，使其恢复初始位置。此时主缸的高压油流回高压泵中去，完成一次张拉过程。

（2）锥锚式双作用千斤顶（YZ 型）

锥锚式双作用千斤顶主要用于张拉 KT-Z 型锚具锚固的钢筋束或钢绞线束和使用锥形锚具的预应力钢丝束。其张拉油缸用以张拉预应力筋，顶压油缸用以顶压锥塞，因此又称双作用千斤顶。

（3）穿心式千斤顶（YC 型）

穿心式千斤顶适用性很强，适用于 JM 型、XM 型、QM 型的预应力钢丝束、钢筋束和钢绞线束。配上撑脚、拉杆等附件后，也可作为拉杆式千斤顶使用。在千斤顶前端装上分束顶压器，并在千斤顶与撑套之间用钢管接长后可作为 YZ 型千斤顶使用，张拉钢质锥形锚具。穿心式千斤顶的特点是千斤顶中心有穿通的孔道，以便预应力筋或拉杆穿过后用工具锚临时固定在千斤顶的顶部进行张拉。

（4）千斤顶的校正

用千斤顶张拉预应力筋时，张拉力主要用油泵上的压力表计数表达。压力表读数表示千斤顶主缸活塞单位面积上的压力值。若张拉力是 N，活塞面积是 F，则油压表的相应计数为

$$G=\frac{N}{F}$$

由于千斤顶活塞与油缸之间存在着一定的摩擦力，所以实际的张拉力往往比上式计算的小。为了保证预应力筋张拉力的准确性，应定期校验千斤顶与油压表计数的关系，制成表格或绘制成 P 与 L 的关系曲线，供施工中直接查用。千斤顶校验期不应超过半年，如在使用过程中张拉设备出现反常现象，应重新校验。

千斤顶校验的方法有标准测力计校正、压力机校正及用两台千斤顶相互校正等。

（5）高压油泵

高压油泵与液压千斤顶配套使用，它的作用是向液压千斤顶各个油缸供油，使其活塞按照一定的速度伸出或回缩。

高压油泵按驱动方式分为手动或电动两种。一般采用电动高压油泵。选用时，应使油泵的额定压力等于或大于千斤顶的额定力。

拓展笔记

模块 2　预应力筋的制作

1. 单根预应力筋制作

预应力单根粗钢筋的制作一般包括下料、对焊、冷拉等工序。钢筋对焊接长在钢筋冷拉前进行。

2. 钢筋束及钢绞线束制作

钢筋束由直径为 10 mm 的热处理钢筋编束而成，钢绞线束由直径为 12 mm 或 15 mm 的钢绞线束编束而成。钢绞线下料前应在切口两侧各 50 mm 处用铁丝绑扎，切割后对切口应立即焊牢，以免松散。

为了保证构件孔道穿入筋和张拉时不发生扭结，应对预应力筋进行编束。

3. 钢丝束制作

钢丝束制作一般需经调直、下料、编束和安装锚具等工序。当采用 XM 型锚具、QM 型锚具、钢质锥形锚具时，预应力钢丝束的制作和下料长度计算与预应力钢筋束、钢绞线束基本相同。

拓展笔记

模块 3　后张法施工工艺

后张法
预应力施工

1. 施工工艺

后张法施工工艺流程如图 5-2-2 所示。

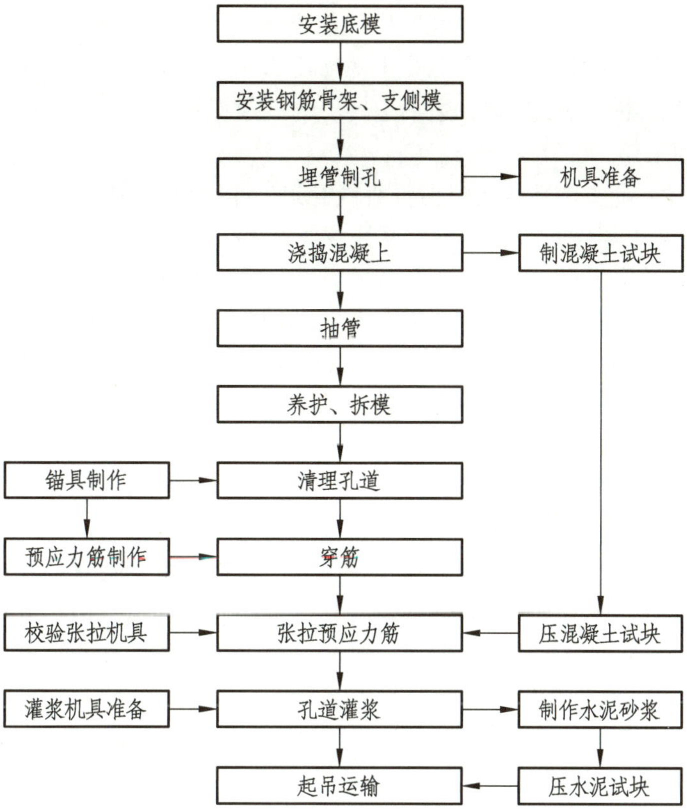

图 5-2-2　后张法施工工艺流程

2. 施工要点

（1）孔道留设

构件中孔道留设主要为穿预应力筋（束）及张拉锚固后灌浆用。孔道成形的质量是后张法构件制造的关键之一。孔道留设的基本要求如下：

① 孔道直径应保证预应力筋（束）能顺利穿过。采用螺丝端杆锚具的粗钢筋孔道的直径，应比钢筋对焊处外径大 10～15 mm；钢丝束、钢绞线孔道直径应比预应力筋束或锚具外径大 5～10 mm。

② 孔道应按设计要求的位置、尺寸埋设准确。孔道应平顺光滑，端部预埋件垫板应垂直道中。

③ 在设计规定位置上留设灌浆孔。构件两端每间隔 12 m 留设一个直径为 20 mm 的灌浆孔，并在构件两端各设一个排气孔。一般在预埋件垫板内侧面刻有凹槽作排气孔用。

预留孔道形状有直线、曲线和折线形，孔道留设方法如下：

① 钢管抽芯法。适用于留设直线孔道。预先将钢管埋设在模板内的孔道位置处，钢管要平直，表面要光滑，每根长度最好不超过 15 m，钢管两端应各伸出构件约 500 mm。较长的构件可采用两根钢管，中间用套管连接。钢管的位置固定一般用钢筋井字架，间距为 1～2 m。在混凝土浇筑过程中和混凝土初凝后，每间隔一定时间慢慢转动钢管，不让混凝土与钢管粘

牢，等到混凝土终凝前抽出钢管。抽管过早，会造成坍孔事故；太晚，则混凝土与钢管黏结牢固，抽管困难。常温下抽管时间在混凝土浇灌后 3 ~ 6 h。抽管顺序宜先上后下，抽管可采用人工或用卷扬机，速度必须均匀，边抽边转，与孔道保持直线。抽管后应及时检查孔道情况，做好孔道清理工作。

② 胶管抽芯法。此方法不仅可以留设直线孔道，亦可留设曲线孔道，胶管弹性好，便于弯曲，一般有五层或七层夹布胶管和钢丝网橡皮管两种。胶管具有一定弹性，在拉力作用下，其断面能缩小，故在混凝土初凝后即可把胶管抽拔出来。夹布胶管质软，必须在管内充气或充水。在浇筑混凝土前，胶皮管中充入压力为 0.6 ~ 0.8 MPa 的压缩空气或压力水，此时胶皮管直径可增大 3 mm 左右，胶管的位置固定一般用钢筋井字架，间距不宜大于 0.5 m。浇筑混凝土，待混凝土初凝后，放出压缩空气或压力水，胶管孔径变小，并与混凝土脱离，随即抽出胶管，形成孔道。抽管顺序一般应为先上后下，先曲后直。

③ 预埋管法。预埋管法是用钢筋井字架（间距不宜大于 0.8 m）将黑铁皮管、薄钢管或镀锌双波纹金属软管固定在设计位置上，在混凝土构件中埋管成型的一种施工方法。预埋管具有质量小、刚度好、弯折方便、连接简单等特点，可制成各种形状的孔道，并省去了抽管工序。预埋管法适用于预应力筋密集或曲线预应力筋的孔道埋设，但在电热后张法施工中，不得采用波纹管或其他金属管埋设的管道。波纹管安装时，宜先在构件底模、侧模上弹安装线，并检查波纹管有无渗漏现象，避免漏浆堵塞管道。同时，尽量避免波纹管多次反复弯曲，并防止电火花烧伤管壁。

（2）预应力筋张拉

① 混凝土的张拉强度

预应力筋张拉时混凝土的强度应符合设计要求，当设计无具体要求时，不应低于设计强度标准值的 75%。

② 预应力筋张拉控制应力

张拉控制应力越大，建立的预应力就越大，构件抗裂性越好。但是张拉控制应力过高，预应力筋经常处于高应力状态，构件出现裂缝的荷载与破坏荷载很接近，往往构件破坏前没有明显预兆，而且当控制应力过大时，构件混凝土预应力过大导致混凝土的徐变应力损失增加。因此控制应力应符合设计规定。在施工中预应力筋需要超张拉时，可比设计要求提高 5%。

③ 预应力筋张拉顺序

预应力筋张拉顺序应按设计规定进行，如设计无规定时，应采取分批分阶段对称地进行，以免构件受过大的偏心压力而发生扭转与侧弯。

两束预应力筋，能同时张拉，宜采用两台千斤顶分别设置在构件两端对称张拉。四束预应力筋，不能同时张拉，应采取分批对称张拉，用两台千斤顶分别在两端张拉对角线上的两束，然后张拉另两束。

预应力混凝土吊车梁，配有多根不对称预应力筋，应采用分批分阶段对称张拉。采用两台千斤顶先张拉上部两束预应力筋，下部四束曲线预应力筋采用两端张拉方法分批进行。为使构件对称受力，每批两束先按一端张拉方法进行张拉，待两批四束均进行一端张拉后，再分批在另一端张拉，以减少先批张拉筋所受的弹性压缩损失。

平卧重叠浇筑的预应力混凝土构件，张拉预应力筋的顺序是先上后下，逐层进行。为了减少上下层之间因摩阻引起的预应力损失，可逐层加大张拉力，底层张拉力不宜比顶层张拉力大 5%（钢丝、钢绞线、热处理钢筋）。为了减少叠层浇筑构件摩阻力的应力损失，应进一步改善隔离层的性能，限制重叠浇筑层数（一般不得超过四层）。如果隔离层效果较好，也可采用同一张拉值张拉。

④ 预应力筋的张拉方法

为了减少预应力筋与预留孔壁摩擦引起的预应力损失，预应力钢筋应根据设计和专项施工方案的要求采用一端或两端进行张拉。采用两端张拉时，宜两端同时张拉，也可一端先张拉锚固，另一端补张拉。当设计对张拉端设置无具体要求时，可按下列规定设置：当有黏结预应力筋长度不大于 20 m 时，可一端张拉；当大于 20 m 时，宜两端张拉。当预应力筋为直线形时，一端张拉的长度可延长至 35 m。当无黏结预应力筋长度不大于 40 m 时，可一端张拉；当大于 40 m 时，宜两端张拉。

（3）孔道灌浆

后张法有黏结预应力筋张拉完毕并经检查合格后，应尽早进行孔道灌浆，防止钢筋锈蚀，增加结构的整体性和耐久性，提高结构抗裂性能和承载力。通过孔道灌浆，使预应力筋与混凝土相互黏结，可减轻锚具传递预应力负担，提高了锚固的可靠性与耐久性。

灌浆前，应将后张法预应力筋锚固后的外露多余长度采用机械方法切割（或用氧-乙炔焰切割），其外露长度不宜小于预应力筋直径的 1.5 倍，且不应小丁 30 mm。

孔道灌浆前应确认孔道、排气兼泌水管及灌浆孔畅通。对预埋管成型孔道，可采用压缩空气清孔，并采用水泥浆、水泥砂浆等材料封闭端部锚具缝隙，也可采用封锚罩封闭外露锚具。采用真空灌浆工艺时，应确认孔道系统的密封性。

配制水泥浆用的水泥宜采用普通硅酸盐水泥或硅酸盐水泥。拌和水和掺加的外加剂中不应含有对预应力筋或水泥有害的成分。外加剂应与水泥作配合比试验并确定掺量。其配制材料同时应符合国家现行有关标准的规定。

采用普通灌浆工艺时，灌浆用水泥浆稠度宜控制在 12 ~ 20 s。采用真空灌浆工艺时，稠度宜控制在 18 ~ 25 s。水泥浆的水灰比不应大于 0.45，3 h 自由泌水率宜为 0，且不应大于 1%，泌水应在 24 h 内全部被水泥浆吸收。

灌浆用水泥浆的 24 h 自由膨胀率，采用普通灌浆工艺时不应大于 6%，采用真空灌浆工艺时不应大于 3%。水泥浆中氯离子含量不应超过水泥质量的 0.06%，28 d 标准养护的边长 70.7 mm 的立方体水泥浆试块抗压强度不应低于 30 MPa。

灌浆用水泥浆宜采用高速搅拌机进行搅拌，搅拌时间不应超过 5 mm；水泥浆使用前应经筛孔尺寸不大于 1.2 mm × 1.2 mm 的筛网过滤；搅拌后不能在短时间内灌入孔道的水泥浆，应保持缓慢搅动；水泥浆应在初凝前灌入孔道，搅拌后至灌浆完毕的时间不宜超过 30 min。

灌浆施工时宜先灌注下层孔道，后灌注上层孔道；灌浆应连续进行，直至排气管排出的浆体稠度与注浆孔处相同且无起泡后，再顺浆体流动方向依次封闭排气孔；全部出浆口封闭后，宜继续加压 0.5 ~ 0.7 MPa，并应稳压 1 ~ 2 min 后封闭灌浆口；孔道内水泥浆应饱满。

当泌水较大时，宜进行二次灌浆对泌水孔进行重力补浆；因故中途停止灌浆时，应用压力水将未灌注完孔道内已注入的水泥浆冲洗干净。

真空辅助灌浆时，孔道抽真空负压宜稳定保持为 0.08 ~ 0.10 MPa。

孔道灌浆应填写灌浆记录。外露锚具及预应力筋应按设计要求采取可靠的保护措施。

当灰浆强度达到 15 N/mm^2 时，方能移动构件，灰浆强度达到 100%设计强度时，才允许吊装。

拓展笔记

新技术应用（新技术、新工艺、新材料、新设备）

ZNB6-550 超高压智能张拉系统

ZNB 智能张拉系统（图 5-2-3）是国内较为先进的预应力智能张拉系统之一，主要用于精准张拉或其他要求精准控制油压与千斤顶唯一的张拉系统；通过“一键张拉”的解决方案使其张拉过程自动化完成，并且同时将张拉信息数据通过互联网及时传递给监理和业主监管。

ZNB 智能张拉系统主要由智能泵站、智能千斤顶、控制系统等组成。其中智能千斤顶有智能液压千斤顶与智能前卡千斤顶两种选择。

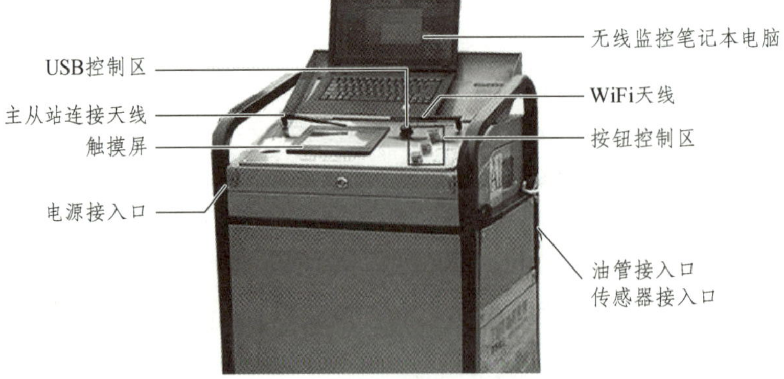

图 5-2-3　ZNB 智能张拉系统

拓展笔记

任务实施（理实一体化）

1. 单选题

（1）以下哪种后张法孔道留设方法无须抽管？（　　）

A. 钢管抽芯法　B. 胶管抽芯法　C. 预埋波纹管法

（2）现场平卧重叠制作的后张法预应力构件，其张拉顺序宜（　　）逐层进行。

A. 先下后上　B. 先上后下

2. 多选题

（1）后张法的单根粗钢筋锚具包括（　　）。

A. 螺栓端杆锚具　B. 帮条锚具

C. 螺母　D. 垫板

（2）后张法的张拉设备包括（　　）。

A. 拉杆式千斤顶　B. 锥锚式千斤顶

C. 穿心式千斤顶　D. 高压油泵

（3）后张法预应力筋的孔道形状有（　　）。

A. 波浪线　B. 直线　C. 曲线　D. 折线

3. 判断题

（1）预应力单根粗钢筋的制作一般包括下料、对焊、冷拉等工序。（　　）

（2）后张法施工时，对配有多根预应力筋的构件，应分批、对称地进行张拉。

（　　）

（3）后张法施工时，孔道灌浆顺序应先上后下。（　　）

（4）后张法施工时，对称张拉是为避免张拉时构件截面呈过大的偏心受压状态。（　　）

4. 客观题

（1）完成虚拟仿真中“行走课堂”实训任务。

（2）总结后张法预应力混凝土工程施工工艺流程。

5. 综合任务实施（理实一体化）

按照现有成套施工图，在教师的指导下分组编制完成后张法预应力混凝土工程施工方案。

任务3 无黏结预应力混凝土工程施工

任务目标

➢ 掌握无黏结预应力筋的施工工艺。

任务描述

无黏结预应力混凝土，是指配置无黏结预应力钢筋的后张法预应力混凝土。按照现有成套施工图，请编制一份无黏结预应力混凝土工程施工方案。

知识链接

模块1 无黏结预应力筋的制作与检验

课程引入： 无黏结预应力技术是克服一般后张法预应力构件的施工工艺缺点的有效技术。因为后张法预应力混凝土构件需要有预留孔道、穿筋、灌浆等施工工序，而预留孔道（尤其是曲线形孔道）和灌浆都比较麻烦，灰浆漏灌还易造成事故隐患。因此，若将预应力筋外表涂以防腐油脂并用油纸包裹，外套塑料管，它就可以像普通钢筋一样直接按设计位置放入钢筋骨架内并浇灌混凝土，这种钢筋就是无黏结预应力筋。当混凝土达到规定的强度（如不低于混凝土设计强度等级的75%）后即可对无黏结预应力筋进行张拉，建立预应力。无黏结预应力混凝土施工工序较少，操作简便。无黏结预应力钢丝可以按曲线形式安装绑扎，具有结构性能好、摩擦损失小、设计自由度大等特点。由于无黏结预应力混凝土技术综合了先张法和后张法施工工艺的优点，所以该体系广泛用于大开间多层建筑、高层建筑，具有广阔的发展前景。

1. 无黏结预应力筋的制作

无黏结预应力筋是指施加预应力后沿全长与周围混凝土不黏结的预应力筋。它由预应力钢材、涂料层和外包层组成。

无黏结预应力筋是由7根或5根高强钢丝组成的钢丝束或扭结成的钢绞线，通过专门设备涂包涂料层和包裹外包层的。

无黏结预应力筋的涂料层应具有良好的化学稳定性，对周围材料无侵蚀作用；不透水，不吸湿，抗腐蚀性能强；润滑性能好，摩擦阻力小；在规定温度范围内高温（70 °C）不流淌，低温（－20 °C）不变脆，并有一定韧性。外包护套材料应具有足够的韧性、抗磨及抗冲击性，对周围材料应无侵蚀作用，在规定的温度范围内，低温应不脆化，高温化学稳定性好；宜采用高密度聚乙烯材料。

钢丝束、钢绞线涂料层的涂敷，以及外包层的制作应一次完成，一般有缠纸工艺和挤塑涂层工艺两种制作方法。缠纸工艺是在缠纸机上连续作业完成编束、涂油、镦头、缠塑料布和切断等工艺。挤塑涂层工艺设备主要由放线盘、给油装置、塑料挤出机、水冷装置、牵引机、收线机等组成。钢丝束（或钢绞线）经给油装置涂油后，通过塑料挤出机的机头出口处，塑料熔融物被挤成管状包覆在钢绞线上，经冷却水槽塑料套管硬化，即形成无黏结预应力筋；牵引机继续将钢绞线牵引至收线装置，自动排列成盘卷，适用于专业化生产单根钢绞线或钢丝束。

无黏结预应力筋应连续生产，钢绞线或钢丝束中的每根钢丝应由整根钢丝组成，不得有接头与死弯。无黏结预应力筋应具有良好的伸直性，盘内径不宜小于 2 000 mm。无黏结预应力筋出厂时，每盘上都挂有标牌，并附有出厂说明书。

2. 无黏结预应力筋的检验

无黏结预应力筋进场时应每个用户每次同规格订货为一检验批（每批质量不大于 30 t）逐盘检查。产品外观应油脂饱满均匀，无漏涂；外包层圆整光滑，松紧合适。油脂与塑料护套检查，每批抽样三根；每根长 1 m，称出产品质量后，用刀剖开塑料护套，分别用柴油清洗擦净，再分别用天平称出钢材与塑料护套质量，即得油脂质量；再用千分卡量取塑料每段端口最薄和最厚处的两个厚度后取平均值。

拓展笔记

模块 2　无黏结预应力施工工艺

无黏结预应力筋保护层的最小厚度及耐火要求应符合表 5-3-1 与表 5-3-2 的规定。

表 5-3-1　板的混凝土保护层最小厚度　　单位：mm

约束条件	耐火极限/ h			
	1	1.5	2	3
简支	25	30	40	55
连续	20	20	25	30

表 5-3-2　梁的混凝土保护层最小厚度　　单位：mm

束条件	梁宽	耐火极限/ h			
		1	1.5	2	3
简支	$200<b<300$	45	50	65	采取特殊措施
	$b\geqslant 300$	40	45	50	65
连续	$200<b<300$	40	40	45	50
	$b\geqslant 300$	40	40	40	45

1. 无黏结预应力筋下料与组装

无黏结预应力筋下料长度，应综合考虑其曲率、锚固端保护层厚度、张拉伸长值及混凝土压缩变形等因素，并应根据不同的张拉方法和锚固形式预留张拉长度。应逐根对无黏结筋外包层进行外观检查，对轻微破损处均需用胶带进行缠绕修补，缠绕时需搭接一半，缠绕层数不应少于 2 层，缠绕长度应超过破损长度 30 mm。

后张法无粘结预应力工程施工

2. 无黏结预应力筋的铺设

无黏结预应力筋的铺设，通常是在底部钢筋铺设后进行。梁和单向板中无黏结预应力筋的铺设比较简单，与非预应力筋铺设基本相同。在双向板中，双向预应力筋铺设时，应先铺下面的预应力筋，再铺设上面的预应力筋，以免预应力筋相互穿插。

无黏结预应力筋应严格按设计要求的曲线形状就位并固定：在双向连续平板中，各无黏结预应力筋曲线高度的控制点用铁马凳垫好并扎牢，马凳间距不宜大于 2 m。跨中部位的无黏结预应力筋可直接绑在板的底部钢筋上。

3. 混凝上浇筑及养护

为确保工程质量，混凝土浇筑及养护应注意以下几点：

（1）在浇筑混凝土之前，要配备专职人员负责检查无黏结筋的束形是否符合设计要求，张拉端和固定端的安装是否符合工艺要求。

（2）混凝土浇筑时，严禁踏压、撞碰无黏结预应力筋、支撑钢筋及端部预埋件；应确保无黏结筋的束形和锚具的位置不发生移动。

（3）混凝土应振捣密实，必须保证张拉端和固定端混凝土的浇捣质量，严格进行混凝土养护。混凝土成型后，若发现有裂缝或空鼓现象，必须在无黏结筋张拉之前进行修补。

4. 无黏结预应力筋张拉

（1）张拉伸长值的测量

无黏结预应力筋的实际伸长值，宜在初应力为张拉控制应力 10%左右时开始测量，分级记录。

（2）施加预应力时的混凝土强度

施加预应力时混凝土立方体抗压强度不应低于混凝土设计强度等级的 75%。

（3）张拉工艺

张拉程序一般采用 $0 \sim 103\%\sigma_{con}$，以减少无黏结预应力筋的松弛损失。板中的无黏结筋一般采用前卡式千斤顶单根依次张拉，并用单孔夹片锚具锚固。梁中的无黏结筋宜对称张拉。

当预应力筋的长度小于 25 m 时，宜采取一端张拉；若长度大于 25 m 时，宜采取两端张拉；当筋长超过 50 m 时，宜采取分段张拉；如遇到摩擦损失较大时，则宜先松动一次再张拉。

在梁板顶面或墙壁侧面的斜槽内张拉无黏结预应力筋时，宜采用变角张拉装置。变角张拉装置是由顶压器、变角块、千斤顶等组成。其关键部位是变角块。变角块可以是整体的也可以是分块的。前者仅用于某一特定工程，后者通用性强。分块式变角块的搭接，采用阶梯形定位方式。每一变角块的变角量为 5°，通过叠加不同数量的变角块，可以满足 5° ~ 60°的变角要求。变角块与顶压器和千斤顶的连接都要一个过渡块。如顶压器重新设计，则可省去过渡块。安装变角块时要注意块与块之间的槽口搭接，一定要保证变角轴线向结构外侧弯曲。

无黏结预应力筋张拉伸长值校核与有黏结预应力筋相同；对超长无黏结筋，由于张拉初期的阻力大，初拉力以下的伸长值比常规推算伸长值小，应通过试验修正。

拓展笔记

新技术应用（新技术、新工艺、新材料、新设备）

无黏结预应力筋用防腐脂

无黏结预应力筋用防腐脂防护性能优越，具有优良的抗氧化性、防锈性、附着性和低温性能，可以有效防止各种腐蚀介质对预应力钢筋的侵蚀，保证建筑物质量；与塑料套管有良好的兼容性，不使塑料套管脆裂、溶胀；具有优良的润滑性能，能有效减小预应力筋的摩阻；适用于正常情况下无黏结预应力筋的防腐、防锈和润滑，也可用于金属的封存保护。

拓展笔记

任务实施（理实一体化）

1. 单选题

（1）当无黏结预应力筋长度超过（　　）时，宜两端张拉，超过 50 m 时宜分段张拉。

A. 15 cm　　B. 20 cm　　C. 25 cm　　D. 30 cm

（2）无黏结筋通常在底部非预应力筋铺设（　　）、水电管线铺设（　　）进行，支座处负弯矩钢筋在最后铺设。

A. 前，后　　B. 后，前

2. 多选题

（1）无黏结预应力筋由（　　）组成。

A. 无黏结筋　　B. 涂料层

C. 外包层　　D. 锚具

（2）无黏结预应力筋涂料层的作用是（　　）。

A. 装饰作用　　B. 使无黏结筋与混凝土隔离

C. 减少张拉时的摩擦损失　　D. 防止无黏结筋腐蚀

（3）无黏结筋应严格按照设计要求的曲线形状就位并固定牢靠，其竖向位置宜用（　　）或（　　）控制。

A. 夹具　　B. 支撑钢筋　　C. 钢筋马凳

3. 判断题

（1）无黏结预应力技术是在混凝土浇筑前将预应力筋铺设在模板内，然后浇筑混凝土，待混凝土达到设计规定强度后进行预应力筋的张拉锚固的施工方法。（　　）

（2）无黏结预应力技术需要预留孔道及灌浆。（　　）

（3）无黏结预应力筋主要采用钢绞线。（　　）

（4）无黏结预应力束锚头端部处理，目前只有一种方法，即在孔道中注入油脂并加以封闭。（　　）

4. 客观题

（1）完成虚拟仿真中“行走课堂”实训任务。

（2）总结无黏结预应力混凝土工程施工工艺流程。

5. 综合任务实施（理实一体化）

按照现有成套施工图，在教师的指导下分组编制完成无黏结预应力混凝土工程施工方案。

评价反馈

<table>
<tr><td>项目</td><td colspan="2">项目要求</td><td>自评得分</td><td>小组得分</td></tr>
<tr><td rowspan="5">素养
（20 分）</td><td rowspan="3">纪律情况
（10 分）</td><td>不迟到、不早退</td><td></td><td rowspan="5"></td></tr>
<tr><td>遵守课堂纪律</td><td></td></tr>
<tr><td>积极思考回答问题</td><td></td></tr>
<tr><td rowspan="2">职业道德
（10 分）</td><td>团队合作</td><td></td></tr>
<tr><td>精益求精</td><td></td></tr>
<tr><td rowspan="3">核心技术
（60 分）</td><td rowspan="2">施工要点
（20 分）</td><td>能描述施工要点</td><td></td><td rowspan="3"></td></tr>
<tr><td>能完成施工相关题目</td><td></td></tr>
<tr><td>施工方案
（40 分）</td><td>能编制施工方案</td><td></td></tr>
<tr><td rowspan="4">工作页完成情况
（20 分）</td><td colspan="2">笔记重难点突出</td><td></td><td rowspan="4"></td></tr>
<tr><td colspan="2">任务实施部分完成度</td><td></td></tr>
<tr><td colspan="2">客观题回答精准</td><td></td></tr>
<tr><td colspan="2">施工方案编写规范</td><td></td></tr>
<tr><td colspan="3">教师评价（100 分）</td><td colspan="2"></td></tr>
<tr><td>个人评价小结及反馈</td><td colspan="4">年　月　日</td></tr>
<tr><td>学生</td><td></td><td>教师</td><td colspan="2"></td></tr>
</table>

项目 6
装配式建筑施工

学习目标

通过本项目的学习，掌握装配式混凝土结构预制构件的制作、运输与存放；掌握装配式混凝土结构剪力墙施工工艺、质量要求；熟悉装配式混凝土结构柱、叠合梁、楼板、楼梯等构件施工工艺、质量要求；掌握装配式混凝土结构的质量验收标准及检测方法，能编制装配式混凝土结构工程施工方案；能进行装配式混凝土结构施工质量检查与验收。

学习重点

1. 装配式混凝土结构剪力墙施工工艺、质量要求；
2. 装配式混凝土结构柱、叠合梁、楼板、楼梯等构件施工工艺、质量要求；
3. 装配式混凝土结构的质量验收标准及检测方法。

学习难点

1. 装配式混凝土结构的质量验收标准及检测方法；
2. 编制装配式混凝土结构工程施工方案。

任务1　装配式建筑简介

任务目标

- 掌握装配式建筑的概念；
- 掌握装配式建筑的发展与应用；
- 掌握我国装配式建筑现状与趋势；
- 能够说出装配式混凝土结构的概念、特点及分类。

任务描述

建筑业作为国民经济的支柱产业，总产值已达到 GDP 的 20%以上，然而建筑能耗占国家全部能耗的 32%，是最大单项能耗行业。要扭转建筑业高能耗、高污染、低产出的状况，必须通过技术创新，走新型建筑工业化的发展道路。与传统建筑相比，装配式建筑就是改变传统的制造模式，通过标准化设计、工业化生产、机械化施工安装和信息化管理，提高建筑质量、劳动效率，降低生产成本、能源消耗。本任务结合工程实例介绍装配式混凝土结构及其构件的种类与特点。

知识链接

模块1　装配式建筑的一般概念

课程引入：发展装配式建筑势在必行，主要有四个方面的原因：一是中国建筑业从高速增长转向高质量发展，要满足人民对美好生活的需要，建筑产品本身的质量必须提档升级；二是劳动力资源日趋紧张，必须尽快降低人工需求，减少工地现场用工量；三是政府对节能减排、降低材料消耗的绿色建造要求越来越高；四是互联网、物联网、人工智能和装配式建筑的快速发展。

1. 概　念

什么是装配式建筑

根据《装配式混凝土结构技术规程》（JGJ 1—2014）的规定，装配式混凝土结构是指由预制混凝土构件通过可靠的连接方式装配而成的混凝土结构，包括装配整体式混凝土结构、全装配混凝土结构等，在建筑工程中简称装配式建筑，在结构工程中简称装配式结构。其中，装配整体式混凝土结构是指由预制混凝土构件通过可靠的方式进行连接并与现场后浇混凝土、水泥基灌浆料形成整体的装配式混凝土结构；全装配混凝土结构是以预制构件为主要受力构件经干式连接装配而成的混凝土结构，一般为低层或抗震设防要求较低的多层建筑。构件的连接方法一般有连接部位后浇混凝土、螺栓连接等方式；钢筋连接可采用钢筋套筒灌浆连接、钢筋浆锚搭接连接、机械连接及预留孔洞搭接连接等方式。

装配式混凝土结构构件主要包含：全预制柱、全预制梁、叠合梁、全预制剪力墙、单面或双面叠合墙板、全预制剪力墙墙板、外挂墙板、预制混凝土夹心保温外墙板、预制叠合保温外墙板、全预制楼板、叠合楼板、全预制阳台板、叠合阳台板、预制飘窗、全预制空调板、全预制女儿墙、装饰柱等。

装配式
工程施工

在装配式混凝土建筑中，预制率和装配率是两个不同的概念。预制率指装配式混凝土建筑室外地坪以上主体结构和围护结构中预制构件部分的材料用量占对应构件材料总用量的体积比。装配率指装配式建筑中预制构件、建筑部品的数量（或面积）占同类构件或部品总数量（或面积）的比率。

2. 分　类

根据钢筋混凝土主体结构类型，装配式混凝土结构主要分为装配式剪力墙结构和装配式框架结构等形式。

（1）装配式剪力墙结构

装配式剪力墙结构是住宅建筑中常见的结构体系，其建筑物室内无凸出于墙面的梁、柱等结构构件，室内空间规整，它的传力途径为楼板→剪力墙→基础→地基。剪力墙结构的主要受力构件剪力墙、楼板及非受力构件墙体、外装饰等均可预制。预制构件种类一般有预制外墙板、预制内墙板、叠合板、预制阳台板、预制飘窗、预制空调板、预制楼梯、预制女儿墙等。预制剪力墙的竖向连接可采用螺栓连接、钢筋套筒灌浆连接、钢筋浆锚搭接连接，预制围护墙板的竖向连接一般采用螺纹盲孔灌浆连接。

装配式剪力墙结构依据预制墙体的类型，又可分为全预制剪力墙结构、单面叠合剪力墙结构和双面叠合剪力墙结构等。

① 全预制剪力墙结构：分为内叶板、保温层、外叶板，俗称“三明治”结构，集成了外墙门窗、外墙保温技术等，可以实现石材反打技术。剪力墙竖向连接方式采用灌浆套筒连接、浆锚搭接和螺栓连接等。墙板之间多采用 PCF（预制外挂墙板）形式，内部浇筑混凝土，实现“等同现浇”的结构性能。该体系还包括预制内墙、预制叠合板、预制楼梯、预制阳台、预制空调板、预制女儿墙等构件，单体预制率可达 40%以上，适应范围广。但预制构件重，安装要求精度高，施工难度大，灌浆套筒成本高，且有一定的渗漏风险。目前上海、北京等地多采用装配整体式夹心保温混凝土结构。

② 单面叠合剪力墙结构（PCF 结构）：俗称“外挂内浇”结构（PCF 结构），预制外挂墙板厚度一般在 6 cm 左右，内部通过现场浇筑工艺形成叠合剪力墙。内外墙板通过连接件连接，预制构件不参与结构受力，其使用不改变建筑物主体结构力学特性，与现行技术规范无冲突。预制墙板内侧在工厂中将保温层集成，从而形成预制夹心保温叠合外挂墙。预制外墙构件自身厚度较小、刚度较差，制作、运输、吊装过程中成品保护较困难。

③ 双面叠合剪力墙结构：由两层预制板与格构钢筋制作而成，现场安装就位后，在两层板中间浇注混凝土形成整体结构。预制构件为两片墙板与格构钢筋形成的空间结构，构件的刚度较大，运输、安装过程较为方便。施工过程中不需要内外模板，施工工序较少。但剪力墙边缘构件构造复杂，竖向节点处钢筋采用间接搭接，操作难度较大，空腔浇筑的混凝土宜采用自密实混凝土。

（2）装配式框架结构

框架结构中全部或部分框架梁、柱采用预制构件建成的装配整体式混凝土结构，简称装配式框架结构。装配式框架结构是常见的结构体系，主要应用于空间要求较大的建筑，如商店、学校、医院等，其传力途径为楼板→次梁→主梁→柱→基础→地基，结构传力合理，抗震性能好。框架结构的主要受力构件如梁、柱、楼板及非受力构件墙体、外装饰等均可预制。预制构件种类一般有预制柱、叠合梁、叠合板、预制外挂墙板、预制女儿墙等。预制柱的竖向连接一般采用灌浆套筒逐根连接。但框架结构梁、柱节点钢筋较密，出筋较多导致拼装难度较大，对构件深化设计和现场构件拼装提出了较高的要求。

3. 特　点

（1）标准化设计

对于通用装配式构件，根据构件共性条件，制定统一的标准和模式，开展适用范围比较广泛的设计。在装配式建筑设计中，采用标准化设计思路，可大大减少构件或部品的规格，重复劳动少，设计速度快。

（2）工业化生产

装配式建筑的结构构件都是在工厂生产的，工厂化预制采用了较先进的生产工艺，模具成型，蒸汽养护，机械化程度较高，从而使生产效率大大提高，产品成本大幅降低。同时，由于生产工厂化，材料、工艺容易掌控，使得构件产品质量得到很好的保证。

（3）装配化施工、一体化装修

装配式建筑的施工可以实现多工序同步一体化完成。由于前期土建和装修一体化设计，构件在生产时已事先统一在建筑构件上预留孔洞和装修面层预埋固定部件，避免在装修施工阶段对已有建筑构件打凿、穿孔。构件运至现场之后，按预先设定的顺序进行安装与施工。装配式装修是将工厂生产的部品部件在现场进行组合安装的装修方式，主要包括干式工法楼（地）面、集成厨房、集成卫生间、管线与结构分离等。全装修是指功能空间的固定面装修和设备设施安装全部完成，达到建筑使用功能和建筑性能的基本要求。

（4）信息化管理、智能化应用

装配式建筑将建筑生产的工业化进程与信息化紧密结合，是信息化与建筑工业化的深度融合的结果。装配式建筑在设计阶段采用 BIM 信息技术，进行立体化设计和模拟，避免设计错误或遗漏；在预制和拼装过程采用 ERP 管理系统，施工中采用网络摄影和在线监控；生产中预埋信息芯片，实现建筑的全寿命周期信息管理。BIM 可以简单地形容为“模型 + 信息”，模型是信息的载体，信息是模型的核心。同时，BIM 又贯穿规划、设计、施工和运营的建筑全生命期，可以供全生命期的所有参与单位基于统一的模型实现协同工作。

拓展笔记

模块 2　国外装配式建筑的发展与应用

1. 美　国

在美国，大城市的装配式住宅以装配式混凝土结构和钢结构为主，小城镇则以轻钢结构和木结构为主。美国住宅用构件和产品的标准化、商品化程度很高，用户可以通过产品目录买到需要的产品。

经过近一个世纪的发展，美国装配式建筑产业已经建立了完善的专业化、标准化、模块化、通用化技术体系，并在近年大力推行可持续环保与低碳节能的绿色装配技术。其发展的新型技术体系有：ACSTC（干连接装配混凝土结构技术）体系、DBS 多层轻钢结构住宅体系、Conxtech 钢框架技术体系和 Modu-larize 模块化技术体系等。

2. 德　国

德国以及其他欧洲发达国家的建筑工业化起源于 20 世纪 20 年代，推动因素主要有两方面：① 社会经济因素，城市化发展需要以较低的造价迅速建设大量住宅、办公和厂房等建筑。② 建筑审美因素，建筑及设计界摒弃古典建筑形式及其复杂的装饰，崇尚极简的新型建筑美学。标准化、预制混凝土大板建造技术能够缩短建造时间、降低造价，因而应运而生。

德国主要采用双皮墙、T 梁、双 T 板、预应力空心楼板、叠合板等结构，其中双皮墙（叠合墙）是德国首创和应用较广泛的构件形式。在德国，双皮墙拥有先进的全自动生产流水线，生产效率和标准化率高。德国在装饰混凝土构件上也有独特的技术，如造型模板体系、混凝土饰面露骨料装饰体系和混凝土饰面保护体系等，其在结构与装饰一体化领域不断进行研发和创新。

3. 法　国

法国的装配式建筑特点是以预制混凝土结构为主，钢结构、木结构为辅。法国独创的装配整体式混凝土结构体系为世构体系（键槽式预制预应力混凝土装配整体式框架结构体系，简称 SCOPE），它是一种预制预应力混凝土装配整体式框架结构体系，主要预制构件包括预应力叠合梁、叠合板和预制柱等。世构体系的主要特点在于其节点构造方式，包括键槽、U 形筋和现浇混凝土。世构体系已应用到《预制预应力混凝土装配整体式框架结构技术规程》（JGJ 224—2010）中。我国南京大地建设集团在南京的 300 万 m^2 保障房、住宅项目上已经应用了这一技术。

4. 日　本

日本是多地震国家，其装配式混凝土结构建筑都表现出了很好的抗震性能。日本的主要预制构件特点：外墙板主要采用夹心墙；楼板以预应力空心板为主，以预应力平板组合楼板和预应力小梁加空心砌块组合楼板为辅；卫生间整体预制；预制柱采用套筒连接。

此外，日本的装配式建筑以框架结构为主，高层建筑多辅以隔震层和减震构件等措施，住宅体系中推动以骨架体长寿命化和填充体可变化为特点的 SI（Skeleton Infill）住宅的研究与应用。日本装配式建筑采用的主要框架节点形式：跨中对梁主筋结合，柱筋套筒连接，节点现浇的通常柱梁工法；节点区进行梁主筋结合的工法和节点预制的莲根型工法。

5. 新加坡

新加坡大规模建造装配式建筑已经有近 20 年的历史，已开发出从 15 层到 30 层不等的装配式住宅（组屋），占全国总住宅数量的 80%以上。组屋项目通过平面的布局，以部件尺寸和安装节点的重复性来实现标准化，以设计为核心和施工过程的工业化，相互之间的配套融合，使结构装配率达到 90%以上。常见的组屋预制构件有预制混凝土梁柱、剪力墙、预应力叠合楼板、建筑外墙、楼梯、电梯墙、防空壕、空调板、女儿墙、垃圾槽，其装配式建筑结构体系与设计已日趋完善。从近几年发展来看，新加坡大力推广使用 PPVC（厢式预制装配系统）免抹灰预制集成建筑技术、PBU 预制卫生间技术和 BIM 技术等。

拓展笔记

模块 3　我国装配式建筑现状与趋势

我国香港装配式房屋的建设经历了由“后装”工法到“先装”工法的变革。相比于后装工法，先装工法是先安装预制外墙（承重或非承重），后进行内部主体现浇，这种工法对预制构件的尺寸精度要求不高，降低了构件生产难度，而且整体式结构基本解决了防水、隔声等问题。香港装配式建筑体系的主要特点：PC 外墙挂板 + 标准化定型，主要预制构件已发展至楼梯、内隔墙板、整体厨卫等。

我国内地装配式建筑主要结构体系为装配式混凝土结构、装配式钢结构和装配式木结构，相应的国家和行业规范已发布，其中装配式混凝土结构占比较大。

目前，国内装配式混凝土结构的主要技术路线为“引进消化吸收再创新”，其中项目实践较为成熟的有装配式单面叠合剪力墙结构、装配整体式混凝土结构等。装配式单面叠合剪力墙结构主要包括深圳万科和远大住工的内浇外挂体系。装配整体式混凝土结构包括北京万科预制剪力墙体系、上海建工螺栓剪力墙体系、中南集团 NPC 体系、宇辉集团剪力墙体系、山东万斯达剪力墙体系和中建 MCB 体系等。

自 2010 年以来，我国装配式技术的发展速度在逐渐加快，特别是近几年在政府相关政策的引导下，装配式技术研究呈井喷式发展，装配式混凝土结构体系研究、预制构件生产工艺、构件现场施工安装等都逐步走向成熟。

拓展笔记

新技术应用（新技术、新工艺、新材料、新设备）

装配式建筑创新技术——高性能混凝土外挂墙板

（1）项目应用：华建集团装配式建筑集成技术试验楼是集成多项建筑工业化前沿技术的装配式建筑，通过三个完整体块的叠加、错位、穿插完成了建筑空间的设计，形式丰富，打破了装配式建筑的呆板印象。

项目研发了以“集成”为目标的 UHPC 单元式混凝土外挂墙板产品体系（图 6-1-1），该体系在项目中设计有 44 块，分别集成门窗、遮阳、阳台等多种外围护构、配件，单元式混凝土外挂墙板的滴水、挡水等细部设计一体化生产完成，形式与功能高度融合。

（2）材料创新：轻质高强。总重量约为同尺度预制混凝土构件的三分之一。

（3）技术创新：全构造防水。水平缝、竖缝的全构造防水设计。

（4）设计创新：集成多种功能和装饰构配件。预制率达到 62.65%、装配率达到 85.25%。

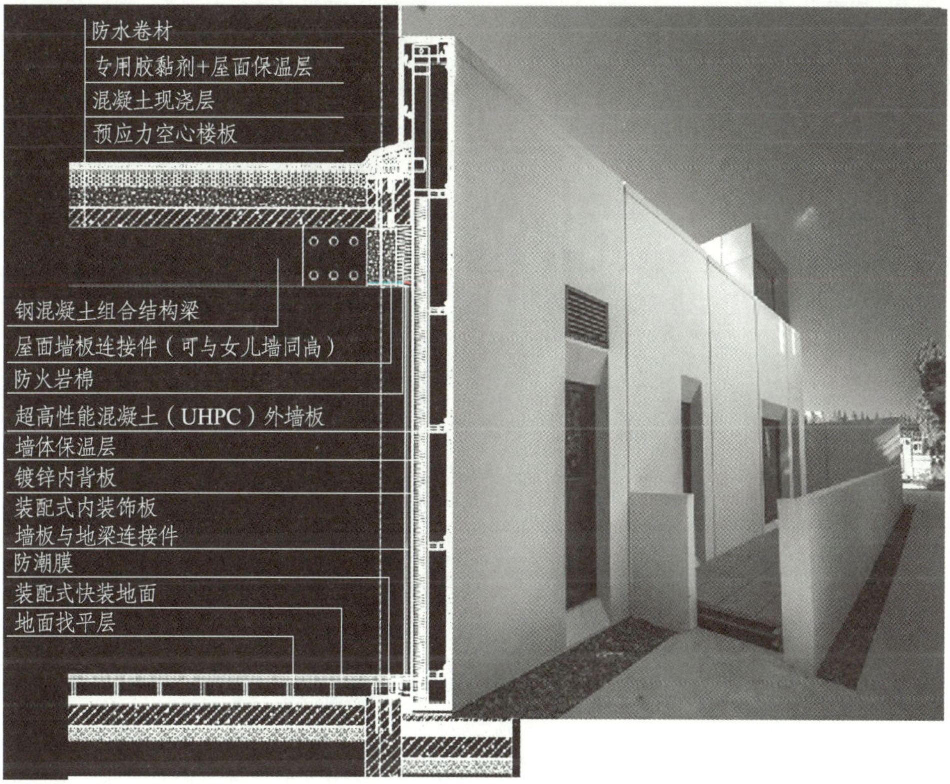

图 6-1-1　高性能混凝土外挂墙板

拓展笔记

任务实施（理实一体化）

1. 单选题

（1）装配式建筑的特点是什么？（　　）

A. 标准化设计　　B. 工业化生产

C. 装配化施工　　D. 信息化管理

（2）在《“十三五”装配式建筑行动方案》保障措施创新工程管理中指出，建立装配式建筑全过程信息追溯机制，把生产、施工、装修、运行维护等全过程纳入（　　），实现数据即时上传、汇总、监测及电子归档管理等，增强行业监管能力。

A. 商务平台　　B. 信息化平台

C. 金融性平台　　D. 考勤机

（3）在国务院办公厅《关于大力发展装配式建筑的指导意见》的保障措施中提出，政府投资工程要带头发展装配式建筑，推动装配式建筑“（　　）”。

A. 引进来　　B. 走出去

C. 闭关政策　　D. 自给自足

（4）国务院办公厅《关于大力发展装配式建筑的指导意见》的重点任务中提出，统筹建筑结构、机电设备、部品部件、装配施工、装饰装修，推行装配式建筑（　　）。

A. 深化设计　　B. 正向设计

C. 协同设计　　D. 一体化集成设计

2. 填空题

（1）根据钢筋混凝土主体结构类型，装配式混凝土结构主要分为（　　）和（　　）等形式。

（2）装配式剪力墙结构依据预制墙体的类型，可分为（　　）、（　　）和（　　）。

3. 客观题

（1）完成虚拟仿真中“行走课堂”实训任务。

（2）总结国内外装配式建筑的发展历程，并简要概述装配式建筑的发展趋势。

任务2　预制构件生产

任务目标

- 掌握预制构件制作生产的工艺流程；
- 掌握预制构件的运输与存放；
- 掌握预制构件制作环节的质量控制要点，在施工中进行安全监督指导；
- 初步具备预制构件生产方案编制的能力。

任务描述

混凝土构件预制工艺是在工厂或工地预先加工制作建筑物或构筑物的混凝土部件的工艺。预制混凝土构件厂生产线及设备直接关系到生产效率和工厂产能，预制构件模具直接影响到预制构件的质量与经济成本，预制构件堆放依据不同构件类型有不同的要求。通过本任务的学习，能复述预制构件加工过程、运输与堆放等内容。

知识链接

模块1　构件制作

课程引入： 中国在远古（河姆渡文化时期）就开创了“梁柱式”建筑的“榫卯结构”，开始建造“装配式建筑”。图 6-2-1 为浙江余姚河姆渡新石器文化遗址（公元前 5000 年—公元前 3300 年）中发掘出来的木构榫卯，是至今为止世界上考古发现的最早预制装配式建筑构件。河姆渡遗址的装配式建筑方法和技术，为中国木结构装配式建筑打下了坚实的技术基础，并发扬光大至今。

图 6-2-1　河姆渡新石器文化遗址出土的木构榫卯

1. 钢筋入模

钢筋制品的尺寸应准确，钢筋的下料及成型宜采用自动化设备进行。钢筋绑丝甩扣应弯向构件内侧。钢筋制品中，钢筋、配件和埋件的品种、规格、数量和位置等应符合有关设计文件的要求。钢筋制品中，开孔部位应根据图纸要求设置加强筋，加强筋不应少于 3 处绑扎固定点。钢筋制品吊运入模前应对其质量进行检查，并应在检查合格后再入模，吊运时宜采用多吊点的专用吊架。钢筋制品应轻放入模，并采用保护层垫块的方式达到钢筋各部位的保护层厚度要求。

装配式
构件生产

2. 预埋件、门窗的安装

预埋件、连接用钢材和预留孔洞模具的数量、规格、位置、安装方式等应符合设计规定，固定措施应可靠。预埋件应固定在模板或支架上，预留孔洞应采用孔洞模具加以固定。预制构件的门窗框应在浇筑混凝土前预先放置于模具中，位置应符合设计要求，并应在模具上设置限位框或限位件进行可靠固定。

3. 保温材料的安装

保温材料应根据设计要求设置，并应符合国家相关墙体防火、节能设计与施工规范的要求。预制混凝土夹心保温外墙板可采用平模工艺或立模工艺成型，并应符合下列规定：

（1）采用平模工艺成型时，混凝土宜分内外叶两层浇筑，内外叶混凝土之间应安装保温材料和连接件，混凝土的振捣效果应达到设计及规范要求。

（2）采用立模工艺成型时，应同步浇筑内外叶混凝土层，生产时应采取可靠措施保证内外叶混凝土厚度、保温材料及连接件的位置准确。

4. 混凝土浇筑及表面处理

在混凝土浇筑成型前，应进行预制构件的隐蔽工程验收。纵向受力钢筋和预应力筋品种、规格、数量和位置必须符合设计要求。灌浆套筒、波纹管、吊具和插筋的品种、规格、数量和位置必须符合设计要求。其他隐蔽工程检查项目应符合有关标准规定和设计文件的要求。

混凝土放料高度应小于 500 mm，并应均匀摊铺。混凝土成型振捣方法应根据构件类型确定。振捣应密实，振动器不应碰触钢筋骨架、面砖和预埋件。混凝土浇筑应连续进行，同时应观察模具、门窗框、预埋件等的变形和移位，变形与移位超出规定的允许偏差时，应采取补强和纠正措施。配件、埋件、门框和窗框处混凝土应浇捣密实，其外露部分应有防污损措施。混凝土表面应用铁抹子或木抹子抹平提浆，宜对混凝土表面进行二次抹面。预制构件与后浇混凝土的结合面或叠合面应按设计要求制成粗糙面和键槽，粗糙面可采用拉毛或凿毛处理方法，也可采用化学和其他物理处理方法。

5. 预制构件的养护

预制构件的成型和养护宜在车间内进行，成型后蒸养可在生产模位上或养护窑内进行。预制构件可根据需要选择洒水、覆盖、喷涂养护剂养护，或采用蒸汽养护、电加热养护等养护方式。预制构件采用蒸汽养护时，宜采用自动蒸汽养护装置，并应保证蒸汽管道通畅、养护区无积水。蒸汽养护应分静停、升温、恒温和降温 4 个阶段。

6. 预制构件的拆模与脱模

预制构件停止蒸汽养护拆模前，预制构件表面与环境温度的温差不宜超过 20 °C。模具的拆除应根据模具结构的特点及拆模顺序进行，严禁使用振动模具方式拆模。

预制构件脱模后应对预制构件进行整修。构件生产应设置专门的混凝土构件整修场地，在整修区域对刚脱模的构件进行清理、质量检查和修补。对于各种类型的混凝土外观缺陷，构件生产单位应制订相应的修补方案，并配有相应的修补材料和工具。预制构件应在修补合格后再驳运至合格品堆放场地。

7. 构件标识

构件应在脱模起吊至整修堆场或平台时进行标识，标识的内容应包括工程名称、产品名称、型号、编号、生产日期、制作单位和合格章。标识应标注于堆放与安装时容易辨识且不易遮挡的位置。标识的颜色、文字大小和顺序应统一，标识宜采用喷涂或印章方式制作。基于建筑信息模型进行设计、生产、施工和维护管理的预制构件，宜采用适合电子识别的标识方法。

拓展笔记

模块 2　构件质量验收

1. 生产过程质量控制

（1）依据产品质量内控标准，每天对产品的每道生产工序进行检验，做好相关记录。

（2）对不合格工序下达整改通知单，在未造成质量事故前及时整改，质检部下达整改通知单，生产部负责整改。

（3）质量记录表管理及上报的要求。

预制构件的外观质量缺陷根据其影响预制构件的结构性能和使用功能的严重程度，按表6-2-1 规定划分严重缺陷和一般缺陷。

表 6-2-1　预制构件外观质量缺陷等级划分

项目	现象	严重缺陷	一般缺陷
露筋	钢筋未被混凝土完全包裹而外露	纵向受力钢筋有露筋	其他钢筋有少量露筋
蜂窝	混凝土表面缺少水泥砂浆而形成石子外露	构件主要受力部位有蜂窝	其他部位有少量蜂窝
孔洞	混凝土中孔穴深度和长度均超过保护层厚度	构件主要受力部位有孔洞	其他部位有少量孔洞
夹渣	混凝土中夹有杂物且深度超过保护层厚度	构件主要受力部位有夹渣	其他部位有少量夹渣
疏松	混凝土中局部不密实	构件主要受力部位有疏松	其他部位有少量疏松
连接部位缺陷	连接处混凝土缺陷及连接钢筋、连接件松动	构件主要受力部位有影响结构性能或使用功能的裂缝	其他部位有少量不影响结构性能或使用功能的裂缝
外形缺陷	缺棱掉角、表面翘曲、表面凹凸不平、外装饰材料黏结不牢、位置偏差、嵌缝没有达到横平竖直	清水混凝土构件、有外装饰的混凝土构件出现影响使用功能或装饰效果的外形缺陷	其他混凝土构件有不影响使用功能的外形缺陷
外表缺陷	构件表面麻面、起砂、掉皮、污染	具有重要装饰效果的清水混凝土构件有外表缺陷	其他混凝土构件有不影响使用功能的外表缺陷
裂缝	缝隙从混凝土表面延伸至混凝土内部	构件主要受力部位有影响结构性能或使用性能的裂缝，裂缝宽度大于 0.3 mm 且裂缝长度超过 300 mm	其他部位有少量不影响结构性能或使用功能的裂缝
破损	由于运输、存放中出现磕碰导致构件表面混凝土破碎、掉块等	构件主要受力部位有影响结构性能或使用性能的破损；影响钢筋、连接件、预埋件锚固的破损	其他部位有少量不影响结构性能或使用功能的破损

2. 预制构件缺陷修补质量控制

（1）预制构件在生产制作、存放、运输等过程中造成的非结构质量问题，应采取相应的修补措施进行修补，对于影响结构的质量问题，应做报废处理。

（2）《预制混凝土构件质量检验评定标准》（DBJ 01-1—1992）适用于承重构件混凝土裂缝的修补；对承载力不足引起的裂缝，除应按一般方法进行修补外，尚应采用适当加固方法进行加固。

（3）《预制混凝土构件质量检验评定标准》（DBJ 01-1—1992）适用于钢筋混凝土结构构件的锚固；不适用于素混凝土构件，素混凝土构件及低配筋率构件的配筋应按锚栓进行设计计算。

构件缺陷及常用处理方法见表 6-2-2。

表 6-2-2 构件缺陷及常用处理方法

项目	情况	处理方案	检查依据与方法
破损	1. 影响结构性能且不能恢复的破损	废弃	目测
	2. 影响钢筋、连接件、预埋件锚固的破损	废弃	目测
	3. 上述 1、2 以外的，破损长度超过 20 mm	一般破损修补方法	目测、卡尺测量
	4. 上述 1、2 以外的，破损长度在 20 mm 以下	现场修补	目测、卡尺测量
裂缝	1. 影响结构性能且不能恢复的裂缝	废弃	目测
	2. 影响钢筋、连接件、预埋件锚固的裂缝	废弃	目测
	3. 裂缝宽度大于 0.3 mm，且裂缝长度超过 300 mm	废弃	目测、卡尺测量
	4. 上述 1、2、3 以外的，裂缝宽度超过 0.3 mm	填充密封法	目测、卡尺测量
	5. 上述 1、2、3 以外的，宽度不足 0.2 mm 且在外表面	表面修补法	目测、卡尺测量
植筋	1. 影响结构性能且不能恢复的缺少钢筋	废弃	目测
	2. 非影响结构性能且数量极少的缺少钢筋	植筋修补方法	目测
预埋件偏位及漏放	1. 影响结构性能且不能恢复的预埋件偏位及漏放	废弃	目测
	2. 非影响结构性能且数量极少的预埋件偏位及漏放	预埋件偏位及漏放修补方法	目测

拓展笔记

模块 3 构件运输与存放

1. 构件的运输

（1）运输道路布置

施工现场应根据施工平面规划设置运输通道。现场运输道路应平整坚实，并有排水措施。

运输车辆进入施工现场的道路，应满足预制构件的运输要求。卸放、吊装工作范围内不应有障碍物，并应有满足预制构件周转使用的场地。

对于场外运输道路而言，需要对主要道路、桥洞等限载、限高进行排查。工地大门宽度需满足大型车辆转弯进出。

对于场内运输道路来说，施工现场内道路应按照构件运输车辆的选择合理设置转弯半径及道路坡度。通常，转弯半径≥12 m，道路宽度≥9 m。

优先选择循环道路布局，减少场区内掉头。道路地面应进行硬化或平铺 20 mm 厚钢板或顶板加固。车辆速度控制在 30 ~ 50 km/h。同时，司机要根据道路的实际状况调整车速，并且在启动和停车时要保证车辆平稳运行。

（2）构件运输路线的选择

构件运输路线的设计包括车辆的进入及退出路线的设计。PC 构件运输前应对运输路线进行调查，内容包括路况、是否受限、高度限制、重量限制等，以此对运输路线进行提前规划。必须按指定路线行驶，遵守交通法规，严禁超速。

工厂预制的构件运输时混凝土预制构件的强度不低于设计混凝土强度的 75%。

（3）构件的运输方式

因为各种构件的形状和配筋各不相同，所以要分别考虑不同的装车方式。

预制墙板宜采用竖直立放运输，带外饰面的墙板装车时外饰面朝外并用紧绳装置进行固定；墙板装车时将外墙板连同堆放架一同吊至运输车上并用紧绳装置进行固定。

预制柱、梁、叠合楼板、阳台板、楼梯、空调板宜采用平放运输，放置时构件底部设置通长木条，并用紧绳与运输车固定。水平运输时，预制梁、柱构件叠放不宜超过 3 层，板类构件叠放不宜超过 6 层。

运输时为了防止构件发生裂缝、破损和变形等，应选择合适的运输车辆和运输台架。重型、中型载货汽车，半挂车载物，高度从地面起不得超过 4 m，载运集装箱的车辆不得超过 4.2 m。

构件竖放运输高度选用低平板车，可使构件上限高度低于限高高度。对于超高、超宽、形状特殊的大型构件的运输和码放应制定专门的质量安全保证措施。

2. 构件的存放

（1）堆放场地要求

① 当预制混凝土构件运输至现场后须及时利用塔吊吊运至指定专用堆场，应按品种、规格、吊装顺序分别设置。

② 堆场中预制构件堆放以吊装次序为原则，并对进场的每块板按吊装次序编号。

③ 堆放场地应平整坚实，地面有硬化措施，并有排水设施，应尽量靠近道路。

④ 构件吊装区域有围栏封闭，并设置醒目的提示标语。预制构件堆场中必须设置合理的工作人员安全通道。

⑤ 预制构件存放时，预埋吊件所处位置应避免遮挡，易于起吊。

（2）预制墙板堆放要求

预制剪力墙构件可以采用水平或者竖直形式堆放，预制剪力墙构件在平面外没有构件时可以选择水平堆放，将预制梁构件放置在两个尺寸为 60 mm × 90 mm 的木方上，木方上都要加入 20 mm 厚的保护材料（一般可用挤塑板或橡胶垫）。

放置构件时，端部与木方中心距离通常取值为 $L/5$，L 为构件长度。当构件长度较长时，$L/5$ 的取值大于 800 mm，取 800 mm。预制剪力墙板的堆放如图 6-2-2 所示。

图 6-2-2　预制墙板堆放

（3）预制楼板堆放要求

预制叠合板采用叠放方式，叠放层数不宜大于 6 层，叠放时用 4 块尺寸大小统一的木块衬垫，木块高度必须大于叠合板外露马凳筋的高度，以免上下两块叠合板相碰。

（4）预制梁、柱堆放要求

梁和柱宜平放，具备叠放条件的，叠放层数不宜超过 3 层；宜用枕木（或方木）作为支撑垫木，支撑垫木应置于吊点下方（单层存放）或吊点下方的外侧（多层存放）；两个枕木（或方木）之间的间距不小于叠放高度的 1/2；各层枕木（或方木）的相对位置应在同一条垂直线上。

（5）其他预制构件堆放要求

阳台板、楼梯堆放时下面要垫 4 包黄砂或垫木，作为高低差调平之用，防止构件倾斜滑动。空调板单块水平放置，方便栏杆焊接施工。图 6-2-3 为预制空调板、楼梯堆放现场。

预制异形构件堆放应根据施工现场实际情况按施工方案执行。如女儿墙构件不规则，应单块水平放置。

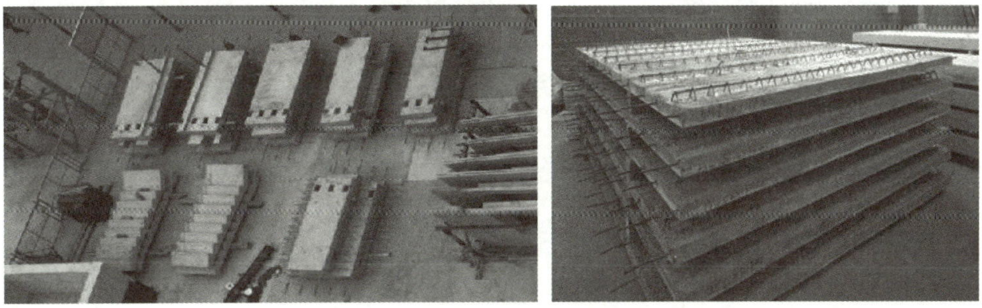

图 6-2-3　预制构件堆放

拓展笔记

新技术应用（新技术、新工艺、新材料、新设备）

装配式墙面系统新材料新工艺——钢化岩板

超薄 3 mm 高品质岩板，采用纯天然材料，由 5 万 t 压机结合超过 600 dpi 高精度喷墨等精湛工艺制作而成。通过钢化复合工艺，不仅提升了岩板的硬度和韧性，还使其具备切割不断裂、安装不空鼓、毛坯直接上墙安装等特点，可应用于室内墙面、地面、家具台面、建筑外墙等。钢化岩板构造效果如图 6-2-4 所示。

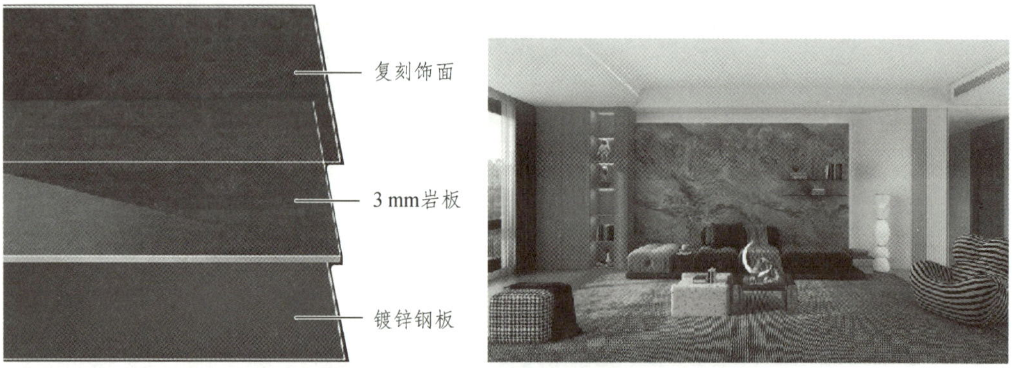

图 6-2-4　钢化岩板构造效果图

1. 产品构成

钢化岩板材料采自高岭土天然石材，源于石材，高于石材。

2. 产品特点

（1）超轻薄

超薄 3 mm 高品质岩板重量轻，可折弯，搬运轻松不易断裂损坏，减小了施工难度。

(2) 性能好

具有良好的柔韧性，可做成弧形、圆形等复杂造型，防水、耐高温、环保，抗震抗污易清理，耐磨耐刮，经得起切割，可进行钻孔、开槽等加工。

(3) 质量优

岩板质量稳定，不易断裂，不会出现空鼓、脱落等情况，安全可靠。

(4) 安装便捷

毛坯墙面无须找平，通过 9 步安装干挂上墙。

拓展笔记

任务实施（理实一体化）

1. 单选题

(1) 预制构件工厂实际生产时用的混凝土配置强度应（　　）设计强度。

A. 高于　B. 低于　C. 等于　D. 不等于

(2) 以下哪一项不是常用的钢筋保护层间隔件？（　　）

A. 塑料类　B. 水泥基　C. 金属类　D. 纤维类

2. 多选题

(1) 下列属于预制构件制作的依据是（　　）。

A. 设计图　B. 有关标准

C. 工程安装计划　D. 混凝土配合比设计

(2) 模具组装前要清理干净，特别是（　　）。

A. 边模与底模的连接部位　B. 边模之间的连接部位

C. 窗上下边模位置　D. 模具阴角部位

（3）常用的钢筋保护层间隔件有（　　）。

A. 塑料类　　B. 水泥基

C. 金属类　　D. 纤维类

（4）脱模后，尺寸检查的重点是（　　）。

A. 伸出钢筋是否偏位　　B. 套筒是否偏位

C. 外观尺寸　　D. 平整度

（5）预制构件吊运、存放、运输安全要点包括（　　）。

A. 确保存放、装车、运输的稳定，不倾倒、不滑动

B. 吊运、装车作业的安全

C. 检查架的牢固

D. 存放支点与架子安全牢固

3. 客观题

（1）完成虚拟仿真中“行走课堂”实训任务。

（2）总结预制构件的工艺流程，并简要概述每个施工工序注意事项。

4. 综合任务实施（理实一体化）

按照现有成套施工图，在教师的指导下分组编制完成一份装配式混凝土建筑预制构件生产施工方案（附页），施工方案应包含以下内容：① 编制依据、原则；② 工程概况；③ 总体布置及工期安排；④ 施工技术方案；⑤ 工期保证措施；⑥ 质量目标、保证体系及保证措施；⑦ 安全生产目标及保证措施；⑧ 季节性施工保证措施；⑨ 环境保护、文明施工。

任务3　装配式主体施工

任务目标

- 掌握预制剪力墙的装配施工流程以及施工工艺要点；
- 掌握剪力墙吊装后的灌浆连接与打胶工艺；
- 掌握预制柱、叠合梁、叠合板的装配施工流程以及施工工艺要点；
- 初步具备框架结构各预制构件装配方案编制的能力。

任务描述

装配式混凝土建筑工程施工与现浇混凝土建筑工程施工有较大不同，不但要掌握预制构件的生产工艺，而且要会对各类预制构件进行组装；应能根据设计图纸，组织实施各类预制构件装配施工，并进行质量验收。按照现有成套施工图，请编制一份装配式混凝土建筑工程施工方案。

知识链接

模块1　装配式主体施工准备

课程引入： 国家标准《装配式混凝土建筑技术标准》（GB/T 51231—2016）对施工前的准备有如下规定："装配式混凝土结构施工应制定专项方案。专项施工方案宜包括工程概况、编制依据、进度计划、施工场地布置、预制构件运输与存放、安装与连接施工、绿色施工、安全管理、质量管理、信息化管理、应急预案等内容。"

本模块主要讨论装配式混凝土建筑与现浇混凝土建筑施工前准备的不同之处。施工准备包括施工前图样会审与技术交底，施工组织设计，场地布置，技术、质量、安全、成本方案，施工组织与劳动力配置，起重设备的选型与架立，吊索吊具准备与检验，临时支撑、防护架设计与准备，施工设备与工具准备，单元吊装试验。

装配式结构全过程施工

拓展笔记

1. 预制外墙板

预制外墙板（图 6-3-1）按照构造体系的不同，可分为内浇外挂外墙板、装配整体式剪力墙外墙板和面砖反打加窗框预埋的 PC 集成外墙板。预制外墙板按照保温体系的不同，可分为内保温外墙板、外保温外墙板和夹心保温外墙板。

装配式混凝土剪力墙施工工艺

（1）预制外墙板的竖向连接技术可分为套筒灌浆连接、浆锚搭接和底部预留后浇区。

（2）预制外墙板长度不宜大于 8 m，宽度不宜大于 3.3 m；外叶板常规厚度为 60 ~ 80 mm，构件最大质量不宜大于 5 t。

图 6-3-1　预制外墙板

2. 预制内墙板

装配式建筑内墙板有横墙板、纵墙板和隔墙板三种。横墙板与纵墙板均为承重墙板，隔墙板为非承重墙板。内墙板应具有隔声与防火的功能。

内墙板（图 6-3-2）一般采用单一材料（普通混凝土、硅酸盐混凝土或轻集料混凝土）制成，有实心与空心两种。其中内墙板的大尺寸的规格避免了楼层较高板子不够长需要切割补板的情况，从而节省了成本。

图 6-3-2　预制内墙板

3. 预制混凝土墙板的装配作业

通过板内斜撑杆调整垂直度，待矫正完毕后再紧固另一根，不可在两根均在紧固状态下进行调整。安装过程中，每件预制墙板的临时斜撑不宜少于 2 道，临时斜撑宜设置调节装置，支撑点位置距离板底不宜大于板高的 2/3，且不应小于板高的 1/2。图 6-3-3 为预制混凝土墙板施工示意图。

图 6-3-3　预制混凝土墙板施工

临时斜撑和限位装置应在连接部位混凝土或灌浆料强度达到设计要求后拆除。当设计无具体要求时，混凝土或灌浆料应达到设计强度的 75%以上方可拆除。

（1）安装注意事项

① 预制墙板安装平整度应以满足外墙板面平整为主；预制墙板拼缝校核与调整应以竖缝为主，横缝为辅。

② 预制墙板阳角位置相邻板的平整度校核与调整，应以阳角垂直度为基准进行调整。

③ 预制墙板采用螺栓连接方式时，预制构件吊装就位过程应先进行螺栓连接，并应在螺栓可靠连接后卸去吊具。

④ 每块预制构件吊装稳固后均需检查确认水平与垂直度是否在允许范围内，遇到需要调整的情况时，应松开相关紧固件，严禁蛮力校正。

（2）绑扎节点钢筋注意事项

① 调整预制墙板两侧的边缘构件钢筋，构件吊装就位。

② 绑扎边缘构件纵筋范围内的箍筋，绑扎顺序是由下而上，然后将每个箍筋平面内的甩出筋、箍筋与主筋绑扎固定就位。由于两墙板间的距离较为狭窄，制作箍筋时将箍筋做成开口箍状，以便于箍筋绑扎。

③ 将边缘构件纵筋以上范围内的箍筋套入相应的位置，并固定于预制墙板的甩出钢筋上。

④ 安放边缘构件纵筋并将其与插筋绑扎固定。

⑤ 将已经套接的边缘构件箍筋安放调整到位，然后将每个箍筋平面内的甩出筋、箍筋与主筋绑扎固定就位。

（3）竖缝处理

在绑扎节点钢筋前先将相邻预制墙板间的竖缝封堵。

① 外墙板内缝处理：在保温板处填塞发泡聚氨酯，内侧采用带纤维的胶带封闭。

② 外墙板外缝处理：先填塞聚乙烯棒，然后在外皮打建筑耐候胶。施工时，水平板缝橡胶方棒粘贴前须清理沟内杂物且粘贴牢固，板缝处防水材料总填充深度不得大于 35 mm。

③ 预制墙板缝外侧硅胶厚度应不小于 10 mm，预制墙板内外侧板缝均需按要求打胶，打胶中断处应 45°对接，以保证硅胶的密封连续性。

（4）支设模板注意事项

① 节点处模板应在混凝土浇筑时不产生明显变形漏浆，并不宜采用周转次数过多的模板。为防止漏浆污染预制墙板，模板接缝处应粘贴海绵条。

② 采取可靠措施防止胀模。拼装模板时应采取有效的紧固措施，设计时应精细化考虑模板拉结点等细节问题，避免碰撞和偏差，保证施工质量。

（5）连接节点构造规定

① 外挂墙板上端与楼面梁连接时，连接区段应避开楼面梁塑性铰区域。

② 外挂墙板与梁的结合面应做成粗糙面并宜设置键槽，外挂墙板中应预留连接用钢筋。连接用钢筋一端应可靠地锚固在外挂墙板中，另一端应可靠地锚固在楼面梁后浇混凝土中。

③ 外挂墙板下端应设置 2 个非承重节点，此节点仅承受平面外水平荷载，其构造应能保证外挂墙板具有随动性，以适应主体结构的变形。

（6）点支承式连接技术

点支承的外挂墙板可分为平移式外挂墙板和旋转式外挂墙板两种形式（图 6-3-4）。它们与主体结构的连接节点，又可分为承重节点和非承重节点两类。

一般情况下，外墙挂板与主体结构的连接宜设置 4 个支承点；当下部 2 个为承重节点时，上部 2 个宜为非承重节点；相反，当上部 2 个为承重节点时，下部 2 个宜为非承重节点。

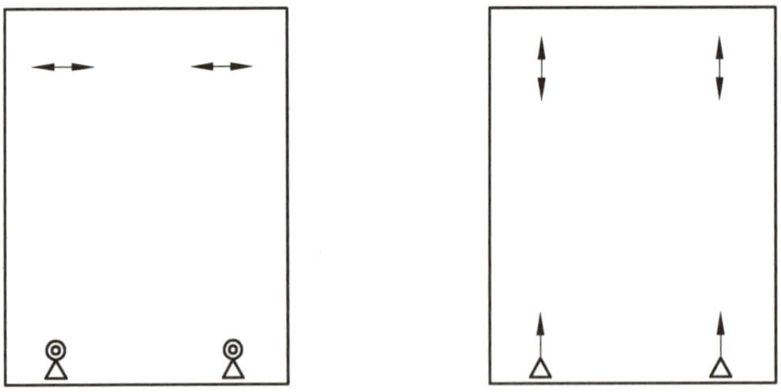

（a）平移式外挂墙板　　（b）旋转式外挂墙板

←→—可水平滑动；◎—承重铰支节点；↕—可竖向滑动；↑—承重可向上滑动。

图 6-3-4　预制混凝土墙板点支承连接

拓展笔记

模块 3　预制钢筋混凝土柱施工

预制柱
吊装工艺

预制柱宜按照角柱、边柱、中柱顺序进行安装，与现浇部分连接的柱宜先行吊装。预制柱的就位以轴线和外轮廓线为控制线，对于边柱和角柱，应以外轮廓线控制为准。预制柱安装前，应按设计要求校核连接钢筋的数量、规格和位置。预制柱安装就位后，应在两个方向设置可调斜撑作临时固定，并应进行垂直度调整。采用灌浆套筒连接的预制柱调整就位后，拼缝位置宜采用坐浆料封堵，并即刻进行套筒灌浆。预制柱的主要装配流程为：预制柱安装的准备→弹出控制线并复核→预制柱起吊→预制柱就位→安装斜撑→垂直度调整→固定→检查验收。施工现场如图 6-3-5 所示。

（1）装配式结构楼层以下的现浇结构楼层预留纵向钢筋施工时，为避免钢筋偏位、钢筋预留长度错误造成无法与预制装配式结构楼层预制构件的预留套筒正确连接，应采用钢筋定位控制套箍对预留竖向钢筋进行检查、固定，保证结构顶部纵向预留钢筋位置的准确。

灌浆缝下表面要干净、无污物，钢筋表面干净、无严重锈蚀和粘贴物。将构件灌浆表面润湿，但不得形成积水。用直尺检查待连接钢筋的长度，放出测量定位控制轴线、预制柱定位边线及 200 mm 控制线，并做好标识。采用垫片进行标高控制，每个预制柱下部 4 个角部位根据实测数值放置相应高度的垫片进行标高找平，并防止垫片移位。垫片安装应注意避免堵塞注浆孔及灌浆连通腔。

（2）预制柱吊运至施工楼层距离楼面 200 mm 时，略作停顿，安装工人对着楼地面上已经弹好的预制柱定位线扶稳预制柱，并通过小镜子检查预制柱下口套筒与连接钢筋位置是否对准，检查合格后缓慢落钩，使预制柱落至找平垫片上就位放稳。

（3）预制柱就位后，采用长短两条斜向支撑将预制柱临时固定，每个构件至少使用 2 个斜支撑进行固定。上部斜支撑的支撑点距离板底的距离不宜大于构件高度的 2/3，且不应小于构件高度的 1/2；支撑于水平楼面的夹角在 40° ~ 50°之间。预制柱安装就位后应在两个方向采用可调斜撑作临时固定。斜向支撑主要用于固定与调整预制柱体，确保预制柱安装垂直度，加强预制柱与主体结构的连接，确保灌浆和后浇混凝土浇筑时柱体不产生位移。

图 6-3-5　预制柱安装

调整短支撑以调节柱位置，调整长支撑以调整柱垂直度，用撬棍拔动预制柱，用铅锤、靠尺校正柱体的位置和垂直度，并可用经纬仪进行检查。经检查预制柱水平定位、标高及垂直度调整准确无误后紧固斜向支撑，卸去吊索卡环。楼面斜支撑常采用膨胀螺栓进行安装。

安装时，需综合考虑安装处楼面板预埋管线及钢筋位置、板厚等因素，避免损坏、打穿、打断楼板预埋线管、钢筋、其他预埋装置等，避免打穿楼板。

（4）预制柱下与楼板之间的缝隙采用封堵料封堵，封堵要密实，确保灌浆时不会漏浆。预制柱套筒灌浆作业完成后 24 h 内，构件和灌浆连接处不能受到振动或冲击作用。斜撑应在套筒连接器内的灌浆料强度达到 35 MPa 后拆除。

拓展笔记

当设计有明确规定时，安装顺序应按照设计要求进行；当设计无明确要求时，宜遵循先主梁后次梁、先低后高的原则，吊装时应注意梁的吊装方向标识。预制叠合梁安装前，应对其现浇部分钢筋按设计要求进行复核。预制叠合梁的主要装配流程为：预制叠合梁安装准备→弹出控制线并复核→搭设支撑体系→调整支撑体系顶部架体标高→预制叠合梁吊装→预制叠合梁校正→叠合层钢筋绑扎与混凝土浇筑。施工现场如图 6-3-6 所示。

预制叠合梁施工

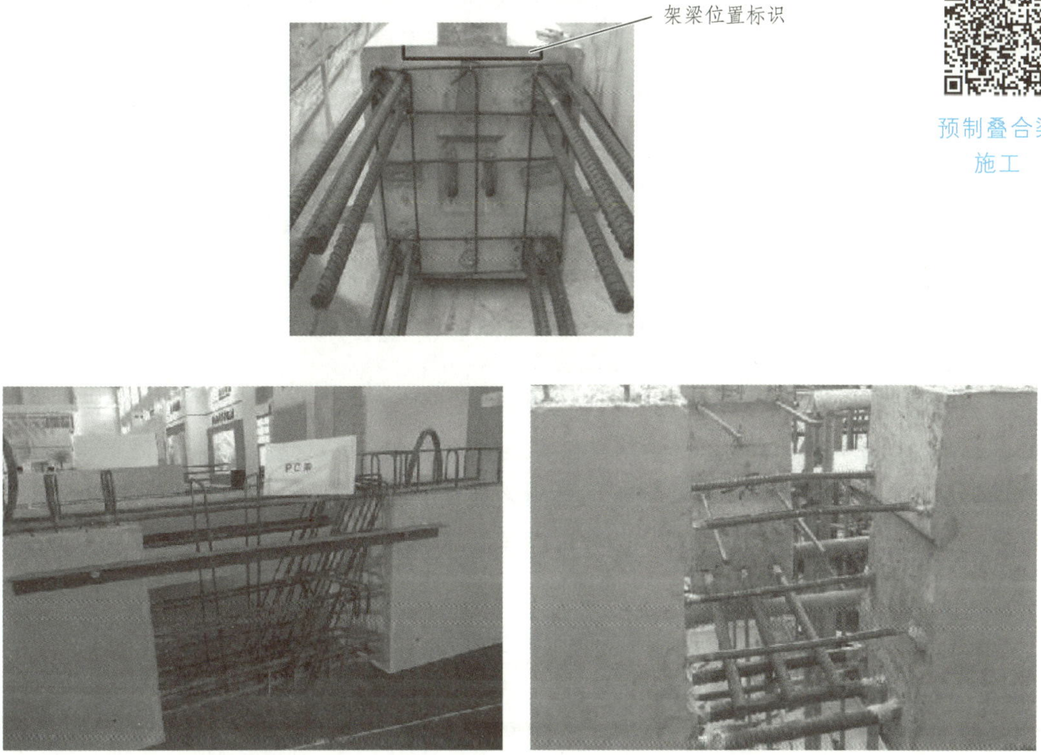

图 6-3-6 预制叠合梁施工

（1）弹出控制线并复核。根据结构平面布置图，放出定位轴线及叠合梁定位控制边线，做好控制线标识。叠合梁安装前应按设计要求对立柱上梁的搁置位置进行复测和调整。

（2）搭设支撑体系。当叠合梁采用临时支撑搁置时，临时支撑应进行验算。当支撑高度不大于 4 m 时，可采用可调式独立钢支撑体系。当支撑高度大于 4 m 时，宜采用满堂支撑脚手架体系。

（3）调整支撑体系顶部架体标高。先利用手柄将调节螺母旋至最低位置，将上管插入下管至接近所需的高度，然后将销子插入位于调节螺母上方的调节孔内，把可调钢支顶移至工作位置，搭设支架上部工字钢梁，旋转调节螺母，调节支撑使铝合金工字钢梁上口标高至叠合梁底标高，待预制梁底支撑标高初步调整完毕后进行吊装作业。

（4）预制叠合梁吊装。吊装前应检查柱头支点钢垫的标高、位置是否符合安装要求。就位时找好柱的定位轴线和梁上轴线之间的相互关系，控制梁正确就位。预制叠合梁吊装至楼面 500 mm 时，停止操作并稳住叠合梁，参照柱、墙顶垂直控制线和下层板面上的控制线，引导预制叠合梁缓慢降落至柱点上方。待构件稳定后，方可进行摘钩和校正。

预制叠合梁起吊中要保证各吊点受力均匀，尤其是预制节段主梁吊装时，要保证预制主梁每个节段平衡及变形协调，同时要注意避免预制梁的外伸连接钢筋与立柱预留钢筋发生碰撞。待预制梁停稳后须下放，以免安装时冲击力过大导致梁柱接头处的构件破损。

预制叠合梁安装时，主梁和次梁伸入支座的长度与搁置长度应符合设计要求。预制次梁与预制主梁的凹槽应在预制叠合板安装完成后，采用不低于预制梁混凝土强度等级的材料填实。

（5）预制叠合梁校正。吊装摘钩后，根据预制墙体上弹出的水平控制线及竖向楼板定位控制线，校核叠合梁水平位置及竖向标高情况。通过调节竖向独立支撑，确保预制叠合梁满足设计标高及质量控制要求；通过撬棍调节预制叠合梁水平定位，确保预制叠合梁满足设计图纸水平定位及质量控制要求。调整预制叠合梁水平定位时，撬棍应配合垫木使用，避免损伤预制梁边角。调整完成后应检查梁吊装定位是否与定位控制线存在偏差。采用铅垂和靠尺进行检测，如偏差仍超出设计及质量控制要求，或偏差影响预制梁或叠合楼板的吊装，应对该预制梁进行重新起吊落位，直到通过检验为止。

（6）叠合层钢筋绑扎与混凝土浇筑。待预制叠合梁安装完毕后，根据在预制梁上方的钢筋间距控制叠合层钢筋绑扎，保证钢筋搭接间距满足设计要求。待叠合层钢筋隐蔽检查合格，结合面清理干净后，即可浇筑梁柱接头、预制梁叠合层以及叠合楼板上层混凝土。预制叠合梁在后浇混凝土强度达到设计要求后，方可拆除支撑或承受施工荷载。

拓展笔记

模块 5　预制叠合板施工

预制叠合板施工工艺

1. 预制叠合板的构造及分类

（1）预制叠合板按构造的不同，可分为带肋楼板、空心楼板、预应力楼板等。

（2）预制叠合板按结构要求可分为单向板和双向板，双向板拼接应按照结构规范要求伸出钢筋搭接。

（3）预制叠合板长度不宜大于 8 m，宽度不宜大于 3.2 m；常规厚度为 60 ~ 80 mm，相应混凝土后浇厚度可做 70 mm、80 mm、90 mm 等。

（4）预制叠合板需搭接在梁或剪力墙上，搭接长度为 15 mm，同时搭接方向钢筋需伸过梁或墙中心。

预制叠合板的构造如图 6-3-7 所示。

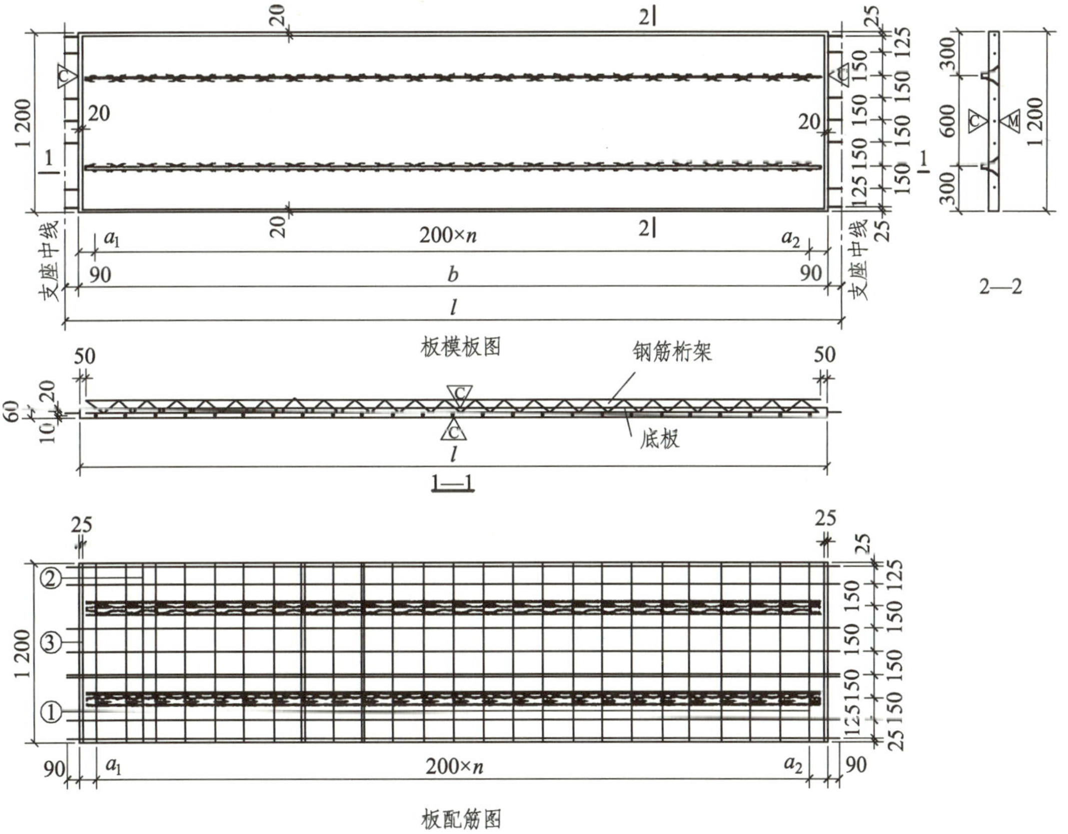

图 6-3-7　叠合板构造（单位：mm）

2. 预制叠合板的装配作业

预制叠合楼板装配作业流程：弹控制线→排架搭设→叠合板安装→叠合板摘钩和校正→管线预埋和钢筋绑扎→叠合层混凝土浇筑。图 6-3-8 为预制叠合板施工现场。

（1）弹控制线。根据结构平面布置图，放出定位轴线及叠合楼板定位控制边线，做好控制线标识。

图 6-3-8　预制叠合板施工

（2）排架搭设。预制楼板安装采用临时支撑。首层支撑架体的地基应平整坚实，宜采取硬化措施。临时支撑应根据设计要求设置，多层建筑中各层竖撑宜设置在一条竖直线上。支撑最大间距不得超过 1.8 m。支撑顶面标高应考虑支撑本身的施工变形，当跨度大于 4 m 时适当起拱，并应控制相邻板底的平整度。后浇混凝土强度达到设计要求后，方可拆除下部临时支撑及进行上部楼板的安装。

（3）叠合板安装。安装叠合板前，应测量并修正临时支撑标高，确保与板底标高一致。叠合楼板吊装至楼面 500 mm 时，停止降落，操作人员稳住叠合楼板，参照墙顶垂直控制线和下层板面上的控制线，引导叠合楼板缓慢降落至支撑上方，调整叠合楼板位置，根据板底标高控制线检查标高。

（4）叠合板摘钩和校正。待构件稳定后，方可进行摘钩和校正。根据预制墙体上弹出的水平控制线及竖向楼板定位控制线，校核叠合楼板水平位置及竖向标高情况。通过调节竖向独立支撑，确保叠合楼板满足设计标高及质量控制要求。通过撬棍调节叠合楼板水平定位，确保叠合楼板满足设计图纸水平定位及质量控制要求。

当叠合板板底接缝高差不满足设计要求时，应将构件重新起吊，通过可调托座进行调节。调整完成后应检查楼板吊装定位是否与定位控制线存在偏差。采用铅垂和靠尺进行检测，如偏差仍超出设计及质量控制要求，或偏差影响到周边叠合梁、叠合楼板的吊装，应对该叠合楼板进行重新起吊落位，直到通过检验为止。

（5）管线预埋和钢筋绑扎。叠合板部位的机电线盒和管线根据深化设计图纸要求进行布设。待机电管线铺设完毕清理干净后，根据叠合板上方的钢筋间距控制线进行钢筋绑扎，保证钢筋搭接和间距符合设计要求。同时利用叠合板桁架钢筋作为上部钢筋的马凳，确保上部钢筋的保护层厚度。

（6）叠合层混凝土浇筑。待钢筋隐检合格、叠合面清理干净后，浇筑叠合板混凝土。对叠合板面进行清扫，并在混凝土浇筑前进行湿润。叠合板混凝土浇筑时，为了保证叠合板及支撑受力均匀，采取从中间向两边浇筑混凝土，连续施工，一次完成。同时使用平板振动器振捣，确保混凝土振捣密实。混凝土浇筑应布料均匀，浇筑和振捣时，应对模板及支架进行观察和维护，发生异常情况应及时处理。

（7）浇筑完成后铺设薄膜养护。根据楼板标高控制线控制板厚，浇筑时采用 2 m 刮杠将混凝土刮平，随即进行混凝土收面及收面后拉毛处理。混凝土浇筑完毕后立即进行塑料薄膜养护，养护时间不得少于 7 d。

拓展笔记

模块 6　预制混凝土楼梯施工

预制混凝土楼梯的装配作业流程：安装准备→弹出控制线并复核→楼梯上下口做水泥砂浆找平层→楼梯板起吊→楼梯板就位、校正→固定→连接灌浆→检查验收。图 6-3-9 为预制混凝土楼梯施工现场。

图 6-3-9　预制混凝土楼梯施工

1. 预制楼梯安装

根据施工图纸，弹出楼梯安装控制线，对控制线及标高进行复核。楼梯侧面距结构墙体预留 10 mm 孔隙，为后续塞防火岩棉预留空间。安装之前，在梯段上下口梯梁处设置两组 20 mm 垫片并抄平。采用水平尺校验预制楼梯是否水平，偏差处采用薄铁垫片稍作调整。通过大量实践证明，预制楼梯制作精度较高，现浇梯段梁表面平整度若无偏差，预制楼梯吊装后基本无偏差。当预制楼梯采用预留锚固钢筋方式时，应先放置预制楼梯，再与现浇梁或板浇筑连接成整体。当预制楼梯与现浇梁或板之间采用预埋件焊接连接方式时，应先施工现浇梁或板，再搁置预制楼梯进行焊接连接。

2. 灌浆施工

楼梯板安装完成并检查合格后，在预制楼梯板与休息平台连接部位采用灌浆料进行灌浆，要求从楼梯板的一侧向另外一侧灌注，待灌浆料从另一侧溢出后表示灌满。要及时进行灌浆料施工，以免给后续工序造成不必要的垃圾清理。施工前，清扫孔洞，不得有碎石、浮浆、灰尘、油污和脱模剂等杂物。预制楼梯与两侧墙体的缝隙为 20 mm 左右，通常采用防火保温板填塞。在吊装前预制楼梯采用多层板钉成整体踏步台阶形状保护踏步面不被损坏。

拓展笔记

新技术应用（新技术、新工艺、新材料、新设备）

YLB 装配式劲性柱-钢梁框架组合结构

轰隆隆，轰隆隆，轰隆隆……在你的印象中，施工现场是不是扬尘多、噪声大？滨湖这个工地（图 6-3-10）会改变你的固有印象。

图 6-3-10　滨湖工地

不同于一般建筑工地，这里没有嘈杂的声音，不见飞扬的尘土和成片的模板脚手架，建筑工地上吊车高耸，吊臂将预制构件吊起、对孔、下落、安装，整个过程就像搭积木一样。

该项目是无锡市首个采用 YLB 装配式劲性柱-钢梁框架组合结构以及 YLB 轻质叠合板、ALC 内墙板等新型工艺施工的学校项目。现场加工作业较少，主体构件全部在工厂预制生产完成后，运输到施工现场装配安装即可，如图 6-3-11 所示。

图 6-3-11　预制构件安装现场

与传统的建筑方式相比，此结构既有混凝土结构的整体性及耐久性的优点，又有装配式结构的节能环保、缩短施工周期的长处。这种施工工艺可以有效节约资源能源，减少现场人工及周转材料的使用，降低环境污染，提高建设效率。

拓展笔记

任务实施（理实一体化）

1. 单选题

（1）下列不属于装配式框架结构后浇混凝土部位的是（　　）。

A. 梁柱核心区　　B. 预制梁连接处

C. 连梁与墙板连接处　　D. 预制叠合板现浇层

（2）现浇板混凝土养护期间，当混凝土的强度小于（　　）时，不应在现浇板上吊运、堆放重物。如需吊运、堆放重物时应采取措施，减轻对现浇部位的冲击力影响。

A. 5 MPa　　B. 10 MPa　　C. 15 MPa　　D. 20 MPa

（3）现浇板混凝土养护期间，当混凝土的强度小于（　　）时，不应进行后续施工。

A. 1 MPa　　B. 1.2 MPa　　C. 2 MPa　　D. 2.1 MPa

2. 多选题

（1）对于因天气等原因引起混凝土强度上升较慢时，可采取以下哪些方式避免构件安装时对连接部位混凝土造成破坏？（　　）

A. 增加混凝土缓凝剂　　B. 增加混凝土早强剂

C. 延长工期　　D. 增加湿度

（2）下列属于装配式剪力墙结构后浇混凝土部位的是（　　）。

A. 外墙板与预制外墙板连接处　　B. 预制外墙板与预制内墙板连接处

C. 预制叠合梁现浇层　　D. 预制圆孔剪力墙板

（3）装配式混凝土结构建筑构造接缝在施工过程中要保证接缝处的（　　）效果达到设计要求。

A. 保温　　B. 防火　　C. 防水　　D. 美观

3. 客观题

（1）完成虚拟仿真中“行走课堂”实训任务。

（2）总结装配式混凝土主体结构工程施工质量问题，并提出预防和处理措施。

4. 综合任务实施（理实一体化）

按照现有成套施工图，在教师的指导下分组编制完成一份装配式混凝土主体结构工程施工方案（附页），施工方案应包含以下内容：① 编制依据、原则；② 工程概况；③ 总体布置及工期安排；④ 施工技术方案；⑤ 工期保证措施；⑥ 质量目标、保证体系及保证措施；⑦ 安全生产目标及保证措施；⑧ 季节性施工保证措施；⑨ 环境保护、文明施工。

任务4　装配式细部节点施工

任务目标

- 掌握套筒灌浆连接技术的基本原理及分类；
- 熟悉套筒灌浆施工的基本流程与注意要点；
- 了解套筒灌浆施工验收的主要内容；
- 了解浆锚连接施工技术。

任务描述

在装配式混凝土建筑工程中，各类预制构件的细部节点装配质量直接影响整个建筑的稳定及安全。在施工过程中，灌浆施工操作人员必须严格按照施工方案、技术交底进行施工，保证灌浆施工的质量。请总结装配式剪力墙结构和框架结构的细部节点施工工艺及注意事项。

知识链接

模块1　灌浆设备与工具

装配式套筒灌浆技术

1. 灌浆套筒

钢筋连接用灌浆套筒是采用铸造工艺或机械加工工艺制造的。用于钢筋套筒灌浆连接的金属套筒，简称灌浆套筒。灌浆套筒设置有灌浆孔和出浆孔，灌浆孔是用于加注灌浆料的入料口。出浆孔是用于加注灌浆料时通气并将注满后的多余灌浆料溢出的排料口。灌浆套筒是灌浆连接的关键连接件，是灌浆连接的有形载体，一般由球墨铸铁或优质碳素结构钢铸造而成，其形状大多为网柱形或纺锤形。

套筒按结构形式分为半灌浆套筒和全灌浆套筒（图 6-4-1）。一般而言，预制剪力墙和预制柱的竖向钢筋连接多采用半灌浆套筒，水平向预制梁的水平钢筋连接采用全灌浆套筒。

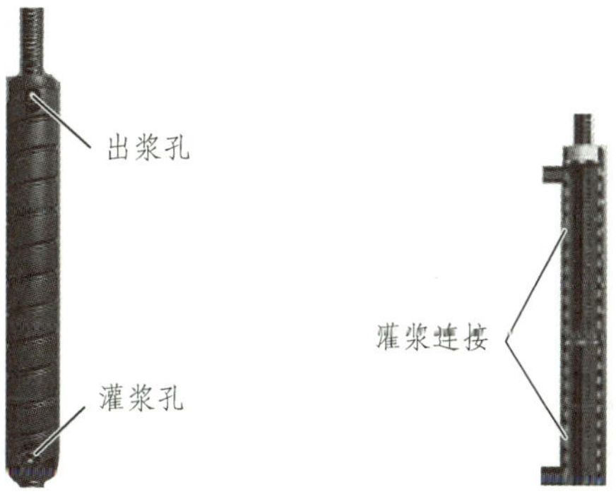

（a）全灌浆套筒

（b）半灌浆套筒

图 6-4-1 灌浆套筒

2. 灌浆料

钢筋连接用套筒灌浆料（图 6-4-2）是以水泥为基本材料并配以细骨料、外加剂及其他材料混合而成的用于钢筋套筒灌浆连接的干混料。灌浆料按规定比例加水搅拌后，具有规定流动性，早强、高强及硬化后微膨胀等性能的浆体为灌浆料拌和物。

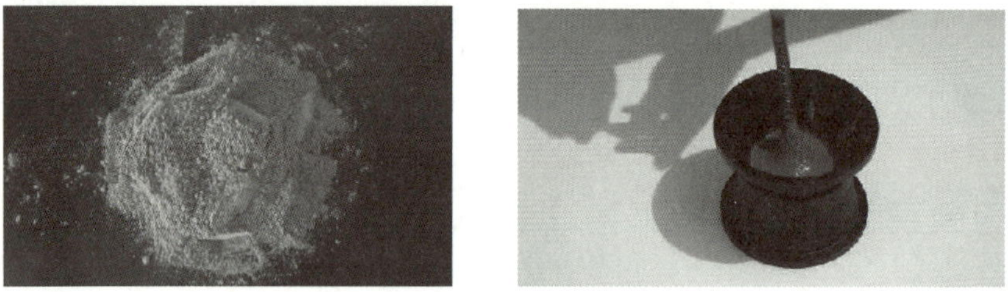

图 6-4-2 灌浆料

3. 灌浆设备和器具

套筒灌浆使用的主要设备和器具有滚筒式搅拌机、空气压缩机、电子台秤、灌浆筒、钢丝软管、橡胶塞等，如图 6-4-3 所示。

（a）滚筒式搅拌机

（b）空气压缩机

（c）电子台秤

（d）灌浆筒

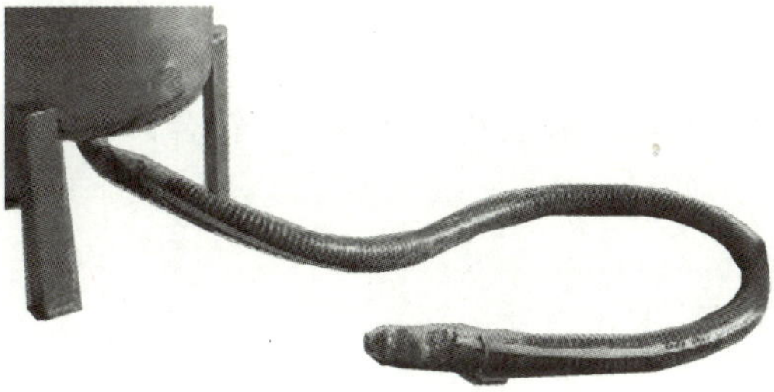

（e）钢丝软管

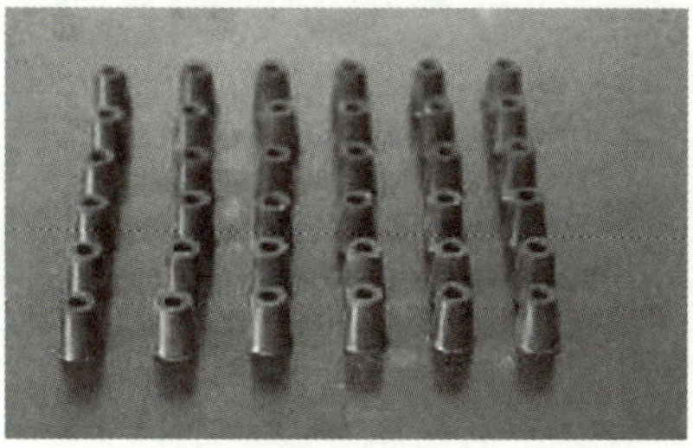

（f）橡胶塞

图 6-4-3　灌浆设备和器具

拓展笔记

模块 2　构件灌浆

1. 后浇混凝土施工

后浇筑混凝土是指预制构件安装后在预制构件连接区或叠合层现场浇筑的混凝土。在装配式建筑中，基础、首层、裙楼、顶层等部位一般采用现浇混凝土，连接和叠合部位的现浇混凝土称为后浇混凝土。

后浇混凝土部位包括：

（1）装配式框架结构：梁柱核心区、预制梁连接处、预制叠合板现浇层、预制梁现浇层、楼板现浇连接带。

（2）装配式剪力墙结构：外墙板与预制外墙板连接处、预制外墙板与预制内墙板连接处、预制内外墙板与预制连梁连接处、预制墙或梁与板连接核心区、预制墙板顶部圈梁、楼板现浇连接带以及叠合剪力墙板、预制阳台板现浇层和锚固区、预制叠合梁现浇层、预制叠合板现浇层、预制圆孔剪力墙板、型钢混凝土剪力墙。

2. 后浇区钢筋连接与锚固要求

（1）绑扎钢筋的品种、规格、型号、数量、间距、形状及尺寸等必须符合设计、图集及规范要求。

（2）钢筋的交叉点应用钢丝扎牢。

（3）对板和墙的钢筋网，除靠近外围两行钢筋的相交处全部扎牢外，中间部分交叉点可相隔交错扎牢，但必须保证钢筋不产生位置偏移。

（4）梁和柱的箍筋弯钩叠合处，应沿受力钢筋方向错开设置。

（5）在绑扎钢筋接头时，一定要把接头先行绑好，然后和其他钢筋绑扎。

（6）绑扎和安装钢筋时，一定要保证主筋的混凝土保护层厚度。

（7）绑扎的钢筋网和钢筋骨架，不得有变形和松脱现象。

3. 后浇混凝土施工模板支设与拆除

后浇混凝土部位的模板要根据现场实际情况及尺寸进行加工制作，模板的加固方式一般情况下需要在预制构件加工生产时，提前在预制构件上预埋固定模板用的预埋螺母，在施工现场支设安装模板时，采用螺栓与预制构件上预埋螺母进行连接对模板加固。

拓展笔记

模块 3　浆锚连接技术

钢筋浆锚搭接（图 6-4-4）是装配式混凝土结构钢筋竖向连接形式之一，即在混凝土中预埋金属波纹管或螺旋箍筋约束，待混凝土达到要求强度后，将钢筋穿入波纹管，再将高强度无收缩灌浆料灌入波纹管养护，以起到锚固钢筋的作用。

这种钢筋浆锚体系属多重界面体系，即钢筋与锚固材料（灌浆料）的界面体系、锚固材料与波纹管界面体系以及波纹管与原构件混凝土的界面体系。一般仅用于预制剪力墙墙身的连接，不可用于预制暗柱的竖向连接。

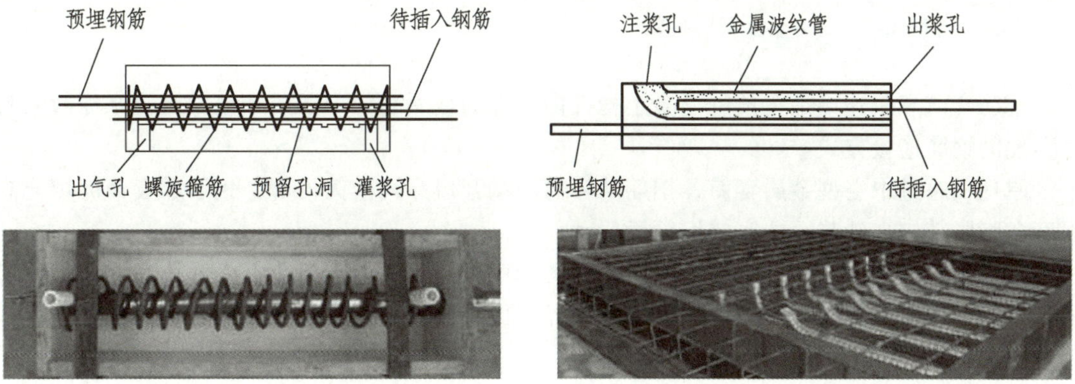

（a）螺旋箍筋约束浆锚搭接连接　　（b）金属波纹管浆锚搭接连接

图 6-4-4　浆锚搭接

优点：浆锚钢筋搭接技术传力可靠，成本低，操作简单。

缺点：对节点施工精度要求较高，连接质量受操作者个人因素影响较大，节点连接质量不易检测，因而对现场工人技术要求较高。

钢筋浆锚搭接连接中，当采用预埋金属波纹管时，金属波纹管性能除应符合现行行业标准《预应力混凝土用金属波纹管》（JG/T 225—2020）的规定外，尚应符合下列规定：

（1）宜采用软钢带制作，性能应符合相应国家标准的规定；当采用镀锌钢带时，其双面镀锌层质量不宜小于 60 g/m^2，性能应符合国家标准《连续热镀锌和锌合金镀层钢板及钢带》（GB/T 2518—2019）的规定。

（2）金属波纹管的波纹高度不应小于 2.5 mm，壁厚不宜小于 0.3 mm。

拓展笔记

钢筋套筒灌浆连接是在预制混凝土构件内预埋的金属套筒中插入钢筋并灌注水泥灌浆料而实现的钢筋连接方式。

原理：通过中空型金属套筒，钢筋从套筒两端开口穿入套筒内部，钢筋与套筒间填充高强度微膨胀结构性砂浆，即完成钢筋续接动作。

其连接的机理主要是借助砂浆受到套筒的围束作用，加上本身具有微膨胀特性，借此增强与钢筋、套筒内侧间的正向作用力，钢筋即借由该正向力与粗糙表面产生的摩擦力来传递钢筋应力。

1. 灌浆分仓、封仓

预制墙板吊装就位、调校完成后，进行座浆砂浆分仓、封仓等工序施工。分仓必须按照《钢筋套筒灌浆连接技术规程》的规定进行。当采用连通腔灌浆方式时，每个连通灌浆区域（仓室长度）不宜超过 1 500 mm。有套筒群部位则整个套筒群可独立作为一个灌浆仓。灌浆施工前，对每块预制墙板分仓进行编号，如图 6-4-5 所示。

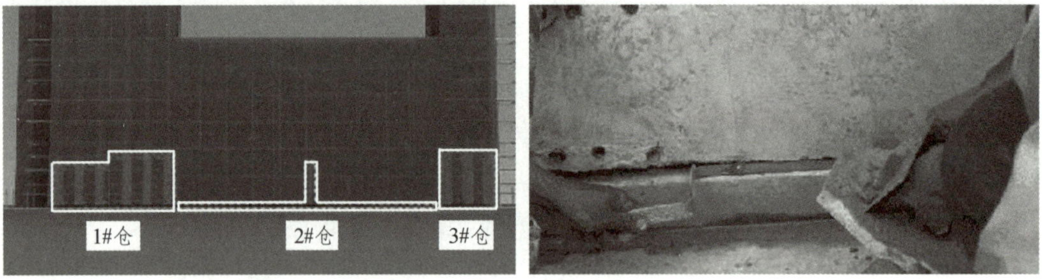

图 6-4-5 灌浆分仓

分仓施工时，应严格按照施工方案确定的分仓位置进行。首先将专用工具塞入预制墙板下方 20 mm 缝隙中，将坐浆砂浆放置于托板上，用另一专用工具塞填砂浆，分仓砂浆带宽度为 30 ~ 50 mm，分仓完成后进行封仓施工。首先将封仓专用工具伸入 20 mm 缝隙中，作为抹封仓砂浆的挡板，伸入墙体深度控制在 5 ~ 10 mm，保证套筒插筋的保护层厚度满足规范要求，然后用搅拌好的座浆砂浆进行封仓施工。

2. 灌浆料搅拌

采用专业公司生产的连接用高性能灌浆料，严格按照规定配合比及拌和工艺拌制灌浆材料。干料和搅拌水的用量比为 1∶0.12（重量比），即 2 袋（25 kg/包）灌浆料加入 6 kg 水。首先在搅拌设备中加入部分水，再倒入 2 袋灌浆料，最后添加剩余的水量，搅拌时间约 10 min，待搅拌至 10 min 并出现均匀一致的浆体，浆体需静置消泡后方可使用，静置时间 2 min，浆体随用随搅拌，搅拌完成的浆体必须在 30 min 内用完，搅拌完成后不得再次加水，每工作班应检查灌浆料拌和物初始流动度不少于 1 次，初始流动度大于等于 300 mm。如图 6-4-6 为灌浆料搅拌现场。

图 6-4-6　灌浆料搅拌

3. 灌浆试块和试件制作

每工作班灌浆施工过程中，现场制作尺寸为 40 mm × 40 mm × 160 mm 的灌浆试块（图 6-4-7）3 组，1 d、3 d、28 d 各一组，在标准养护条件下养护。灌浆过程中，每一工作班同一规格，每 500 个灌浆套筒连接接头制作 3 个相同灌浆工艺的平行试件，进行抗拉强度检验，检验结果应符合《钢筋机械连接技术规程》（JGJ 107—2016）的要求。

图 6-4-7　灌浆试块

4. 灌　浆

首先将搅拌好的灌浆料倒入灌浆筒，盖严拧紧灌浆筒封盖；然后连接灌浆筒与空压机通气管，将灌浆管插入灌浆孔，空压机开始增压，调节进气阀门，采用低压力灌浆工艺，通过控制灌浆筒内压力来控制灌浆过程和浆体流速。灌浆现场如图 6-4-8 所示。

图 6-4-8　灌浆

灌浆料拌和物从灌浆筒采用增压方式通过导管经注浆孔流入腔体与套筒内。当灌浆料拌和物从构件其他灌浆孔、出浆孔流出且无气泡后及时用橡胶塞封堵，同一块预制墙板有多个灌浆仓（图 6-4-9）。当存在无灌浆套筒的灌浆仓时，首先灌注无套筒的灌浆仓，有套筒的灌浆仓注浆时选择靠近无套筒的灌浆仓一侧的注浆孔。如果离无套筒的灌浆仓最近的注浆孔不便封堵，则可向相反方向顺延一个。

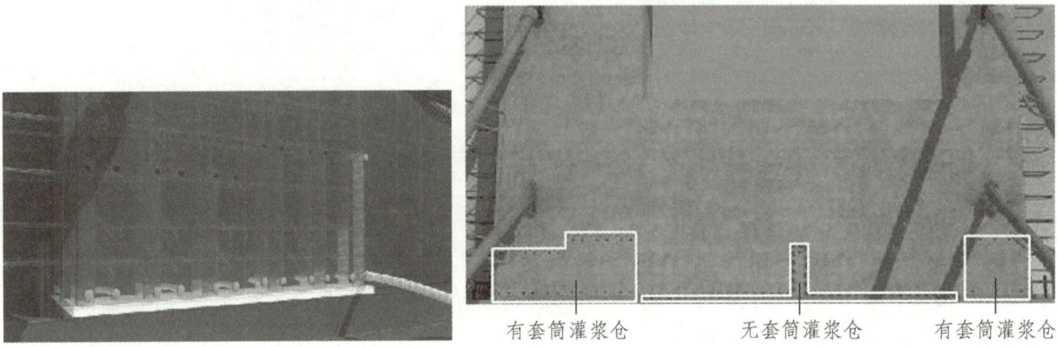

图 6-4-9　灌浆仓

5. 灌浆仓保压

所有灌浆套筒的出浆孔均排出浆体并封堵后，调低灌浆设备的压力，开始保压（0.1 MPa）1 min，保压期间随机拔掉少数出浆孔橡胶塞。当观察到灌浆料从出浆孔喷涌出时，要迅速再次封堵。经保压后拔除灌浆管，拔除灌浆管到封堵橡胶塞的时间间隔不得超过 1 s，避免灌浆仓内经过保压的浆体溢出灌浆仓，造成灌浆不实。图 6-4-10 为灌浆仓保压操作。

图 6-4-10　灌浆仓保压

6. 填写灌浆施工检查记录表

灌浆施工必须由专职质检人员及监理人员全过程旁站监督，每块预制墙板均要填写《灌浆施工检查记录表》，并留存照片和视频资料。《灌浆施工检查记录表》由灌浆作业人员、施工专职质检人员及监理人员共同签字确认，如图 6-4-11 所示。

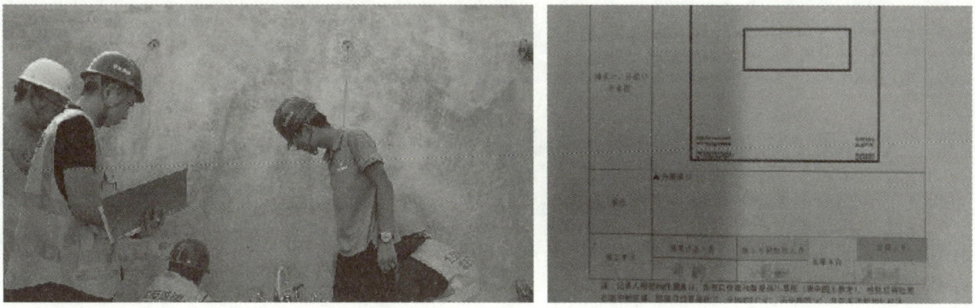

图 6-4-11　灌浆施工检查记录

7. 作业面清理

施工完成后应及时清理作业面，对于不可循环使用的建筑垃圾，应收集到现场封闭式垃圾站，做到工完场清，以便后续工序施工，如图 6-4-12 所示。散落的灌浆料拌和物不得二次使用，剩余的拌和物不得再次添加灌浆料、水后混合使用。

图 6-4-12　作业面清理

拓展笔记

新技术应用（新技术、新工艺、新材料、新设备）

无套筒、免灌浆，装配式新技术——竖向分布钢筋不连接装配式混凝土剪力墙体系

竖向分布钢筋不连接装配式混凝土剪力墙体系在济南文庄片区租赁住房试点项目 B-11 地块实施应用。如图 6-4-13 所示，该体系取消了传统装配式剪力墙结构套筒灌浆连接的复杂工艺流程，提高了工程质量。

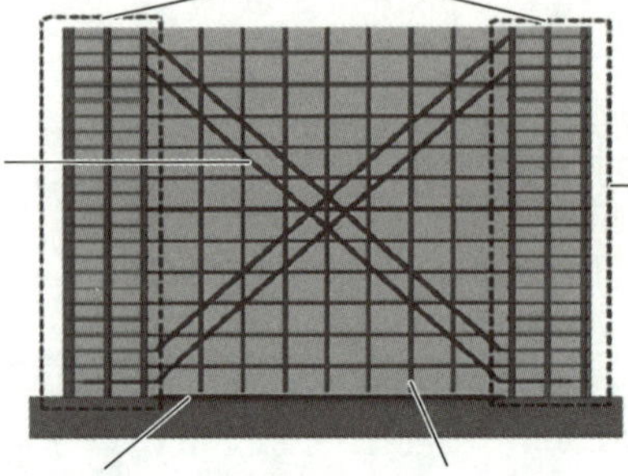

图 6-4-13　免灌浆技术

该体系预制墙体的竖向分布筋按构造要求配置并在楼层处断开连接，同时通过适当加大两端现浇边缘构件的长度和配筋量来保证承载能力的实现；上下预制墙板在楼层处采用挤压坐浆连接，保证了剪力墙结构体系的整体性能；对于剪跨比低且抗剪要求高的墙体，可增设斜向钢筋，提高墙体延性、抗剪和耗能能力。

应用该技术体系后，吊装就位仅需控制标高和水平定位，相比传统的灌浆套筒连接体系，其吊装时间缩短 1/2 以上，模板使用率降低 50% ~ 60%，每层减少灌浆套筒数量 200 余个。由于剪力墙无须灌浆，每层施工时间可节省 1 d，且预制墙底部不存在大量进出浆孔，可减少 50%构件验收时间。

拓展笔记

任务实施（理实一体化）

1. 单选题

（1）下列不属于装配式结构后浇混凝土中的钢筋连接方式的是（　　）。

A. 机械套筒连接　　B. 焊接连接

C. 注胶套筒连接　　D. 灌浆套筒连接

（2）下列不属于灌浆用设备器具的是（　　）。

A. 灌浆挤压枪　　B. 电动搅拌器

C. 秒表　　D. 经纬仪

（3）下列不属于灌浆用材料的是（　　）。

A. 微膨胀灌浆料　　B. 饮用水

C. 堵头　　D. 白灰

（4）灌浆料拌和物初始流动度不应小于（　　）。

A. 200 mm　　B. 250 mm　　C. 300 mm　　D. 350 mm

2. 多选题

（1）装配式结构后浇混凝土中的钢筋连接方式有（　　）。

A. 机械套筒连接　　B. 注胶套筒连接

C. 灌浆套筒连接　　D. 浆锚搭接

（2）下列关于灌浆作业“十个严禁”表述正确的是（　　）。

A. 同一仓应连续灌浆，严禁中途停顿

B. 严禁错用灌浆料

C. 严禁分仓或封堵坐浆料堵塞套筒或浆锚孔

D. 严禁不按照说明书要求随意配置灌浆料

3. 客观题

（1）完成虚拟仿真中“行走课堂”实训任务。

（2）总结装配式混凝土细部节点施工工艺及注意事项。

4. 综合任务实施（理实一体化）

按照现有成套施工图，在教师的指导下分组编制完成一份装配式混凝土框架结构后浇带施工方案（附页），施工方案应包含以下内容：① 编制依据、原则；② 工程概况；③ 总体布置及工期安排；④ 施工技术方案；⑤ 工期保证措施；⑥ 质量目标、保证体系及保证措施；⑦ 安全生产目标及保证措施；⑧ 季节性施工保证措施；⑨ 环境保护、文明施工。

任务 5 支撑与围护体系

任务目标

- 掌握独立式三脚架支撑与拆除施工工艺流程；
- 掌握外挂架作业平台安装、提升施工工艺流程；
- 掌握装配式临边防护施工工艺流程；
- 掌握装配式安全通道施工工艺流程、细部节点构造和质量控制措施。

任务描述

装配式建筑的构件支撑与围护体系关系到整个建筑的安全。支撑系统有独立式三角支撑、叠合墙模板支撑、叠合梁支撑、预制柱支撑等，围护体系有外挂架作业平台。按照现有成套施工图，请编制一份装配式建筑支撑体系施工方案。

知识链接

模块 1 支撑系统

课程引入：装配式建筑预制构件在安装过程中需要支持体系支撑构件以便精准安全安装，因此，对支撑体系的安装和拆除需严格按照要求施工，以确保装配式建筑的质量。

1. 独立式三脚架支撑与拆除

（1）优点

支撑承载力大，高度调节方便，支设简单；加工制作简单，质量容易保证；支模和拆模简单、方便，提高了支模和拆模的速度，进而提高了周转材料的利用率，缩短了工期，降低了工程成本；可根据施工地点和施工项目的变化随意调整高度。

（2）施工流程

定位放线→安装第一根角立杆及三脚架→安装工字木两端立杆及三脚架→安装工字木→安装工字木中间立杆→标高调整→拆除。

（3）施工要点

① 材料要求。独立支撑立杆采用ϕ60 mm 与ϕ48 mm、壁厚 3 mm 的钢管连接，木工字梁标准高度为 200 mm、宽度为 80 mm。支撑体系各构件必须功能齐全，且无损坏和明显变形，否则不得用于工程中。

② 施工质量管理。为保证支撑体系施工质量，控制安全风险，设置两个停工验收点，即支撑体系基础验收、支撑体系验收。由安全员、技术员负责停工验收，验收合格后，方可进入下一道工序施工。支撑体系搭设时，应先搭设一个区域作为样板，区域样板验收合格后，才能大面积搭设。

2. 叠合墙模板支撑

铝合金模板全部采用定型化设计，工厂化生产制作，模板工程质量好；施工周期短，组装拆除方便，能够有效缩短施工时间；稳定性好、承载力高。铝合金模板系统用铝合金板组装而成，形成整体框架。拆模后混凝土表面平整光洁，成型效果好，整体感官质量明显提高，可有效提升工程品质。

（1）施工流程

墙板吊装→墙板固定→安装斜支撑→墙板钢筋绑扎→混凝土浇筑→养护。

（2）施工要点

① 绑扎好的钢筋不能踩踏攀登。

② 注意保护叠合墙的完整性，不要磕碰棱角。

3. 叠合梁支撑

叠合梁按受力性能可分为“一阶段受力叠合梁”和“二阶段受力叠合梁”两类。前者是指施工阶段在预制梁下设有可靠支撑，能保证施工阶段作用的荷载不使预制梁受力而全部传给支撑，待叠合层后浇混凝土达到一定强度后再拆除支撑，由整个截面来承受全部荷载；后者则是指在施工阶段，在简支的预制梁下不设支撑，施工阶段作用的全部荷载完全由预制梁承担。

（1）施工流程

施工放线→安装梁底支撑→套梁下柱箍筋→吊装叠合梁→叠合梁加固→验收。

（2）施工要点

① 抗震等级为一、二级的叠合框架梁的梁端箍筋加密区宜采用整体封闭箍筋，且整体封闭箍筋的搭接部分宜设置在预制部分。

② 当采用组合封闭筋时，开口箍筋上方两端应做成 135°弯钩，对框架梁弯钩平直段长度不应小于 $10d$，次梁弯钩平直段长度不应小于 $5d$。

4. 预制柱支撑

预制柱支撑可以有效防止预制柱在浇筑过程中移位；采用膨胀螺栓固定在楼板上，既稳固又方便，可以有效控制预制柱的垂直度；操作简单灵活，可自由调节，不仅节省了材料还大大减少了人工费用的支出。

（1）施工流程

施工放线→基层清理→钢筋校正→垫片找平→预制柱吊装→安装斜支撑→垂直度校准→验收。

（2）施工要点

① 预制构件进场后应检查构件完整性。

② 预制构件安装后，注意不要随意磕碰、移动。

拓展笔记

模块 2　围护体系

1. 外挂架作业平台安装

建筑施工外挂架由支撑架、平台板等组成。其特征是支撑架呈三角形，相对设置的两个三角支撑架设置在结构柱夹具下方的柱体上，三角支撑架之间设有联结拉杆；在三脚支撑架上设置作业平台板，顶面与作业平台板用螺栓连接；作业平台板之间搭设平台连接桥板，周边设有护栏。

（1）优点

无须围绕主体在地面搭设脚手架和作业平台，可在现场预先将外挂架安装在结构主体上，再吊装主体，节省人力、物力；采用分体单片组装形式，便于解体存放和现场拼装。

（2）施工流程

施工准备→清理外墙面→安装防脱挂钩座→安装外挂架→安装踏板→安装栏杆→验收。

（3）质量标准

① 踏板和栏杆的搭接长度应不小于 0.3 m。

② 提前检查外挂架整体性和焊接焊缝的稳固性。

③ 安装顺序由下向上。

（4）施工要点

① 安装完成的外挂架应注意保护连接件。

② 确保外挂架完整无破损。

2. 外挂架作业平台提升

外挂架作业平台的钢支托架通常采用∟50×5 的角钢焊接而成，也可采用槽钢、钢管等材料制作，钢支托架应能保持足够的刚度和承载力。防护栏杆通常由带底座的竖向钢栏杆柱管和水平杆组装而成，扣件采用普通直角扣件，也可以用角钢制作。

（1）施工流程

施工准备→清理外挂架→拆除栏杆→拆除踏板→外挂架提升→外挂架落位→安装踏板→安装栏杆→验收。

（2）质量标准

① 踏板和栏杆的搭接长度应不小于 0.3 m。

② 提前检查外挂架整体性和焊接焊缝的稳固性。

③ 安装顺序由下向上。

（3）施工要点

① 安装完成的外挂架应注意保护连接件。

② 确保外挂架完整无破损。

3. 装配式临边防护

“五临边”防护，即在建工程的楼面临边、阳台临边、屋面临边、升降口临边、基坑临边的安全防护设施。临边防护必须设置 1 m 以上的双层围栏或搭设安全网，临边高处作业防护栏杆应该自上而下用安全立网封闭，基坑、沟、槽开挖临边设置高度不小于 1.2 m 的防护围栏。

（1）施工流程

测量放线→安装立杆→安装护栏→布置安全标志。

（2）质量标准

① 在坠落高度基准面 2 m 以上进行临边作业时，应在临空一侧设置防护栏杆，并应用密目式安全立网或工具式栏板封闭。

② 分层施工的楼梯口、楼梯平台和梯段边，应安装防护栏杆；外设楼梯口、楼梯平台和梯段边还应用密目式安全立网封闭。

③ 建筑物外围边沿处，应用密目式安全立网进行全封闭。有外脚手架的工程，密目式安全立网应设置在脚手架外侧立杆上，并与脚手杆紧密连接；没有外脚手架的工程，应用密目式安全立网将临边全封闭。

④ 施工升降机、龙门架和井架物料提升机等各类垂直运输设备设施与建筑物间设置的通道平台两侧，应设置防护栏杆、挡脚板，并应用密目式安全立网或工具式栏板封闭。

⑤ 各类垂直运输接料平台口应设置高度不低于 1.8 m 的楼层防护门，设置防外开装置；多笼井架物料提升机通道中间，应分别设置隔离设施。

（3）施工要点

① 临边防护不得随意移动。

② 注意保护安全标语。

4. 装配式安全通道

当临街通道、场内通道、出入建筑物通道、施工电梯及物料提升机地面进料口作业通道处于坠落半径内或处于起重机起重臂回转范围内时，必须设置防护棚及防护通道，以避免发生物体撞击事故。非通道口应设置禁行标志，禁止出入。特别重要或大型的安全通道、防护棚及悬挑式防护设施必须制定专项技术方案，经企业技术负责人审批后实施。

（1）施工流程

① 整体场地进行平整、碾压，浇筑 200 mm 厚 C20 混凝土。

② 根据施工出入口的位置确定安全通道的搭设位置，根据图纸测量出立柱位置及螺栓孔位置，使用电钻在螺栓位置打眼。

③ 将立柱安装到指定位置，并做临时加固，注意柱脚垫板与基础面接触平整、密实，使用膨胀螺栓固定牢固。安装后及时校正垂直度、标高和轴线位置。

④ 将横梁用角钢安装到相应位置后，用连接件及螺栓固定，从上到下依次安装。

⑤ 铺设上下层顶棚盖板和木板时应注意板之间接触严密，上下层木板应垂直方向铺设。铺设好的盖板应用钢丝进行固定。

⑥ 通道门口及内侧挂置安全警示牌及标语。安全警示牌应醒目，大小合适。

（2）施工要点

① 材料要求。施工中所用到的钢材、螺栓、连接件的规格尺寸、性能指标、检验要求、尺寸偏差等必须满足设计要求及国家现行相关标准要求。

② 构造要求。安全通道的立柱、横梁、斜撑的垂直度、水平度、稳固性必须满足规范要求；柱脚底板规格、位置正确，与基础接触平稳；立柱的垂直度偏差≤15 mm，防护棚上下弦四周封闭，木板的材质及铺设符合设计要求，安全警示色喷涂清晰准确。

③ 技术要求。安全通道的安装必须严格按照设计图纸进行，所有螺栓必须紧固，安装完成后必须由项目部负责人组织专业人员进行检查验收，合格后方可使用。在施工期间，应由专人负责检查、保修工作。

拓展笔记

新技术应用（新技术、新工艺、新材料、新设备）

装配式高层住宅铝模＋叠合板一体化支撑施工工法

叠合板的支撑方式采用普通钢管扣件式脚手架支撑体系，叠合板底仍需铺设方木及模板。采用传统现浇混凝土模板支撑方式，未能有效发挥装配式建筑的施工优势。因此，铝模+叠合板一体化支撑利用叠合板当作底模，板底支撑采用铝模快拆支撑头，实现了板底龙骨提早拆除，且可以实现 70%以上的装配率，具有混凝土成型质量优良、绿色环保、建造成本低、施工效率高等显著优势，有良好的推广价值。楼板支撑体系采用铝梁龙骨架设，楼面顶板龙骨中心距离间隔<1 300 mm 设置一道 100 mm 宽铝梁龙骨，叠合板四周搁置在铝梁龙骨上，取代木模板直接当作底模。底部支撑立杆采用铝膜快拆支撑头中心距离间隔≤1 300 mm 设置。铝模+叠合板一体化支撑施工工法如图 6-5-1 所示。

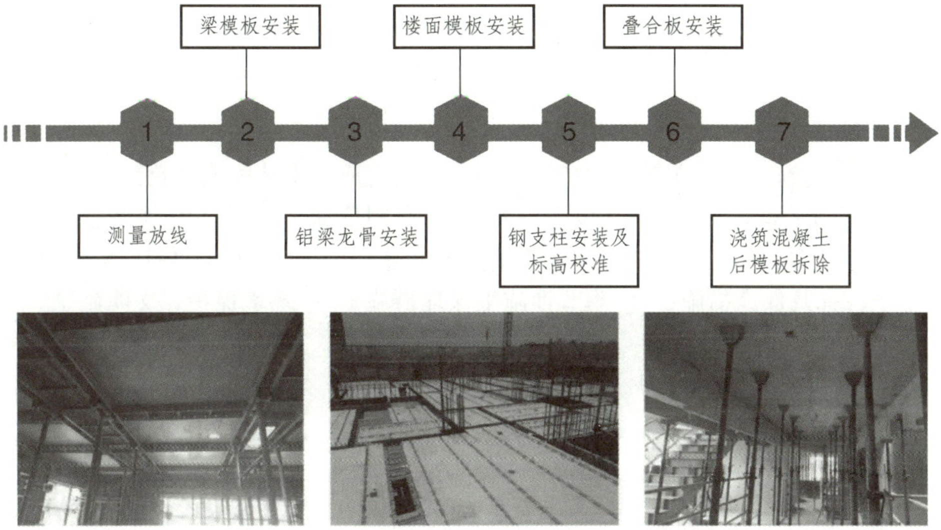

图 6-5-1 铝模+叠合板一体化支撑施工工法

拓展笔记

任务实施（理实一体化）

1. 单选题

（1）独立式三脚架立杆的间距不能大于（　　）。

A. 1 000 mm　　B. 1 500 mm　　C. 1 800 mm　　D. 2 000 mm

（2）外挂架作业平台的踏板和栏杆的搭接长度不小于（　　）。

A. 0.2 m　　B. 0.3 m　　C. 0.4 m　　D. 0.5 m

（3）装配式安全通道整体场地进行平整、碾压时，浇筑（　　）厚的 C20 混凝土。

A. 100 mm　　B. 150 mm　　C. 200 mm　　D. 250 mm

2. 客观题

（1）完成虚拟仿真中“行走课堂”实训任务。

（2）总结支撑体系的施工要点。

3. 综合任务实施（理实一体化）

按照现有成套施工图，在教师的指导下分组编制完成一份装配式建筑预制构件支撑体系施工方案（附页），施工方案应包含以下内容：① 编制依据、原则；② 工程概况；③ 总体布置及工期安排；④ 施工技术方案；⑤ 工期保证措施；⑥ 质量目标、保证体系及保证措施；⑦ 安全生产目标及保证措施；⑧ 季节性施工保证措施；⑨ 环境保护、文明施工。

评价反馈

<table>
<tr><td>项目</td><td colspan="2">项目要求</td><td>自评得分</td><td>小组得分</td></tr>
<tr><td rowspan="5">素养
（20 分）</td><td rowspan="3">纪律情况
（10 分）</td><td>不迟到、不早退</td><td></td><td rowspan="5"></td></tr>
<tr><td>遵守课堂纪律</td><td></td></tr>
<tr><td>积极思考回答问题</td><td></td></tr>
<tr><td rowspan="2">职业道德
（10 分）</td><td>团队合作</td><td></td></tr>
<tr><td>精益求精</td><td></td></tr>
<tr><td rowspan="3">核心技术
（60 分）</td><td rowspan="2">施工要点
（20 分）</td><td>能描述施工要点</td><td></td><td rowspan="3"></td></tr>
<tr><td>能完成施工相关题目</td><td></td></tr>
<tr><td>施工方案
（40 分）</td><td>能编制施工方案</td><td></td></tr>
<tr><td rowspan="4">工作页完成情况
（20 分）</td><td colspan="2">笔记重难点突出</td><td></td><td rowspan="4"></td></tr>
<tr><td colspan="2">任务实施部分完成度</td><td></td></tr>
<tr><td colspan="2">客观题回答精准</td><td></td></tr>
<tr><td colspan="2">施工方案编写规范</td><td></td></tr>
<tr><td colspan="3">教师评价（100 分）</td><td colspan="2"></td></tr>
<tr><td>个人评价小结及反馈</td><td colspan="4">年　　月　　日</td></tr>
<tr><td>学生</td><td></td><td>教师</td><td colspan="2"></td></tr>
</table>

参考文献

[1] 姚谨英. 建筑施工技术[M]. 7版. 北京：中国建筑工业出版社，2022.

[2] 肖明和. 装配式建筑施工技术[M]. 北京：中国建筑工业出版社，2018.

[3] 程和平. 建筑施工技术[M]. 4版. 北京：化学工业出版社，2020.

[4] 肖明和. 装配式建筑混凝土构件生产[M]. 北京：中国建筑工业出版社，2018.

[5] 黑龙江省寒地建筑科学研究院，天元建设集团有限公司. 建筑工程冬期施工规程：JGJ/T 104—2011[S]. 北京：中国建筑工业出版社，2010.

[6] 建筑施工手册编写组. 建筑施工手册[M]. 5版. 北京：中国建筑工业出版社，2012.

[7] 中国建筑标准设计研究院，中国建筑科学研究院. 装配式混凝土结构技术规程：JGJ 1—2014[S]. 北京：中国建筑工业出版社，2014.